Nirubalini Dinesh

RESISTÊNCIA A ANTIBIÓTICOS MEDIADA POR ENZIMAS

Nirubalini Dinesh

RESISTÊNCIA A ANTIBIÓTICOS MEDIADA POR ENZIMAS

Uma revisão

ScienciaScripts

Imprint
Any brand names and product names mentioned in this book are subject to trademark, brand or patent protection and are trademarks or registered trademarks of their respective holders. The use of brand names, product names, common names, trade names, product descriptions etc. even without a particular marking in this work is in no way to be construed to mean that such names may be regarded as unrestricted in respect of trademark and brand protection legislation and could thus be used by anyone.

Cover image: www.ingimage.com

This book is a translation from the original published under ISBN 978-620-5-51422-1.

Publisher:
Sciencia Scripts
is a trademark of
Dodo Books Indian Ocean Ltd. and OmniScriptum S.R.L Publishing group
Str. Armeneasca 28/1, office 1, Chisinau MD-2012, Republic of Moldova, Europe
Printed at: see last page
ISBN: 978-620-5-38341-4

Resistência mediada por enzimas antibióticas

Uma revisão

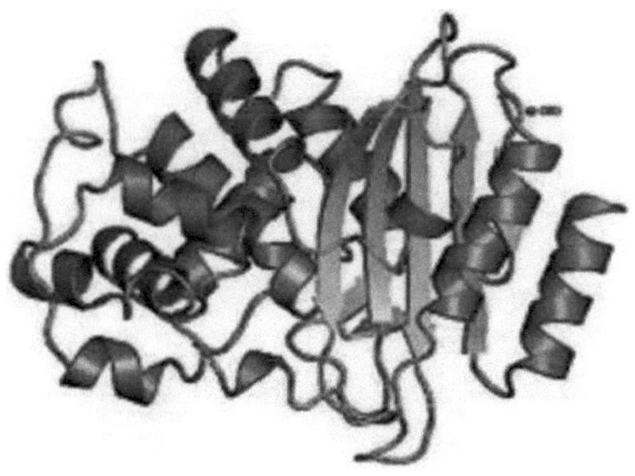

Nirubalini Dinesh

RECONHECIMENTO

Desejo expressar a minha profunda gratidão ao Dr. Thushari Dissanayake, Professor, Departamento de Microbiologia, Faculdade de Ciências Médicas, Universidade do Sri Jayewardenepura por me ter dado imensa orientação, encorajamento, conselhos e tempo durante todo o período para fazer deste estudo um sucesso.

E também a minha sincera gratidão ao Prof. Neluka Fernando, Chefe, Departamento de Microbiologia, Faculdade de Ciências Médicas, Universidade do Sri Jayewardenepura por nos ter proporcionado esta oportunidade de melhorarmos os nossos estudos.

Os meus agradecimentos especiais à Dra. Chinthika Gunasekara, Professora, Departamento de Microbiologia, Faculdade de Ciências Médicas, Universidade do Sri Jayewardenepura pelo apoio e orientação contínuos ao longo deste estudo.

Desejo estender os meus agradecimentos a todo o restante pessoal académico e não académico do Departamento de Microbiologia, Faculdade de Ciências Médicas, Universidade do Sri Jayewardenepura pela valiosa assistência prestada durante algumas fases do período deste estudo para fazer este sucesso.

Finalmente, gostaria de agradecer aos meus pais e amigos pelo constante encorajamento e apoio para completar este estudo com sucesso.

ÍNDICE

1. INTRODUÇÃO

A resistência antibiótica dos agentes causadores de doenças infecciosas é um problema de saúde mundial em biologia e medicina [1, 2]. Os mecanismos de resistência aos antimicrobianos utilizados para tratar doenças infecciosas são conhecidos desde antes da introdução dos antibióticos no uso clínico de rotina [fig. 1] [3]. No entanto, a utilização imprudente e frequentemente excessiva de antimicrobianos tem agravado o problema, enriquecendo as populações bacterianas resistentes em detrimento das sensíveis [4]. Novas formas de resistência aos antibióticos podem mesmo ser facilmente atravessadas com notável rapidez através das fronteiras internacionais e espalhadas entre continentes. Os líderes mundiais da saúde descreveram os microrganismos resistentes aos antibióticos como "bactérias de pesadelo" que "representam uma ameaça catastrófica" para as pessoas em todos os países do mundo [1].

Alguns estudos sobre resistência bacteriana mostraram que existe uma enorme diversidade de mecanismos de resistência, em que a distribuição e interacção é, na sua maioria, complexa e desconhecida. No entanto, existem variedades de mecanismos bioquímicos e fisiológicos que são responsáveis pelo desenvolvimento da resistência aos antibióticos. O mecanismo de resistência pode ser a evolução quer geneticamente inerente quer o resultado da exposição do microrganismo aos antibióticos. A maior parte da resistência aos antibióticos surgiu como resultado de mutação ou através da transferência de material genético entre microrganismos. Vários de vários estudos recentes revelaram que quase 400 bactérias diferentes demonstraram cerca de 20.000 possíveis genes resistentes [5].

As resistências que evoluem dentro das bactérias que afectam os animais têm o potencial de afectar os seres humanos. A zoonose das estirpes resistentes é capaz de ocorrer, representando um risco para a saúde humana [6]. As infecções resistentes aos antibióticos ocorrem com demasiada frequência e com frequência crescente, interferindo com o tratamento eficaz de pessoas e animais. A resistência aos antibióticos tem aumentado devido à introdução de antibióticos num ambiente. Na prática geral, há preocupações sobre algumas infecções comuns que estão a tornar-se difíceis de tratar uma doença com bactérias resistentes aos antibióticos e que podem demorar mais tempo a resolver [7]. Para preservar a eficácia dos antibióticos, é fundamental examinar as utilizações destes medicamentos, tanto em humanos como em animais. Várias novas iniciativas estão a ser postas em prática para travar a alarmante tendência de resistência aos antibióticos e para lidar com o número sempre crescente de infecções causadas por bactérias resistentes [8].

Figura 1 Linha temporal da resistência aos antibióticos em comparação com o desenvolvimento de antibióticos

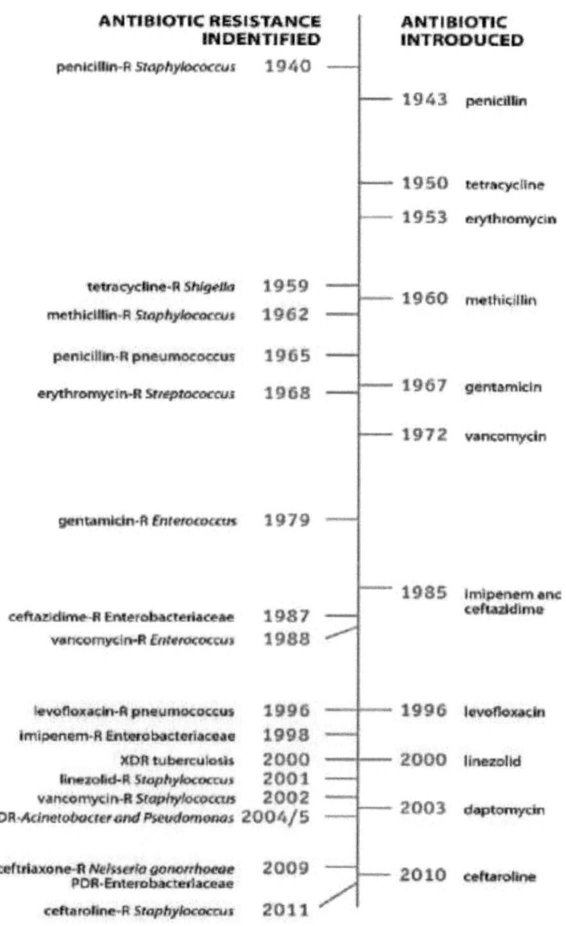

As bactérias resistentes aos antibióticos, ou "superbugs", representam uma ameaça cada vez mais mortal para a saúde humana [9]. Em 2018, a Organização Mundial de Saúde (OMS) lançou pela primeira vez

os dados de vigilância da resistência aos antibióticos revelam elevados níveis de resistência a uma série de infecções bacterianas graves, tanto em países de alto como de baixo rendimento. O novo Sistema Global de Vigilância Antimicrobiana (GLASS) da OMS revela a ocorrência generalizada de resistência aos antibióticos entre 500 000 pessoas com suspeita de infecções bacterianas em 22 países [1].

As bactérias mais comummente relatadas como resistentes foram *Escherichia coli*, *Klebsiella pneumoniae*, *Staphylococcus aureus*, e *Streptococcus pneumoniae*, seguidas de *Salmonella* spp. O sistema não inclui dados sobre a resistência da *Mycobacterium tuberculosis*, que causa a tuberculose (TB), uma vez que a OMS tem vindo a acompanhá-la desde 1994 e a fornecer actualizações anuais no relatório Global tuberculosis [1].

A OMS declarou também que entre os doentes com suspeita de infecção da corrente sanguínea, a proporção de bactérias resistentes a pelo menos um dos antibióticos mais utilizados variava tremendamente entre os diferentes países de zero a 82%. A resistência à penicilina, o medicamento utilizado durante décadas em todo o mundo para tratar pneumonia, variou de zero a 51% entre os países declarantes. E entre 8% a 65% dos E. *coli* associados a infecções do tracto urinário apresentavam resistência à ciprofloxacina, um antibiótico vulgarmente utilizado para tratar esta condição [1]. Estas estatísticas do relatório da OMS são um primeiro passo vital para melhorar a nossa compreensão da extensão da resistência antimicrobiana.

Novos mecanismos de resistência estão também a emergir e a espalhar-se globalmente, ameaçando a nossa capacidade de tratar doenças infecciosas comuns. A emergência de resistência aos antibióticos leva ao aumento da mortalidade, morbilidade e custos de tratamento. Apesar de haver várias indicações sobre o uso indevido de antibióticos por parte de prestadores de cuidados de saúde, profissionais não qualificados e consumidores de medicamentos, ainda há uma sensibilização inadequada, bem como uma vigilância sobre o controlo e prevenção da resistência aos antibióticos nos sectores dos cuidados de saúde. Sem acção urgente, caminhamos para uma era pós-antibióticos, em que infecções comuns e ferimentos menores podem matar de novo. Por conseguinte, os objectivos desta revisão são:

- Rever a resistência enzimática mediada por antibióticos e os seus mecanismos de desenvolvimento, que é o mecanismo de resistência mais amplamente caracterizado.
- Além disso, recomendar sobre as suas medidas de controlo.

2. RESISTÊNCIA A ANTIBIÓTICOS MEDIADA POR ENZIMAS

1.1 ANTIBIÓTICOS

2.1.1 DEFINIÇÃO

Um antibiótico é um tipo de substância antimicrobiana activa contra bactérias e é o tipo mais importante de agente antibacteriano para combater as infecções bacterianas [10].

Podem matar bactérias (bactericidas) ou inibir o crescimento de bactérias (bacteriostáticas). Assim, o processo bactericida é irreversível, enquanto que a bacteriostase é reversível. No entanto, os agentes bacteriostáticos são bem sucedidos no tratamento de algumas infecções porque impedem o aumento da população bacteriana e o mecanismo de defesa do hospedeiro pode, consequentemente, lidar com a população estática [10].

Os antibióticos são produtos microbianos que ocorrem naturalmente. No entanto, alguns antibióticos podem ser fabricados sinteticamente enquanto outros são produtos de manipulações químicas de compostos naturais, antibióticos semi-sintéticos [11].

2.1.2 MECANISMO DE ACÇÃO DOS ANTIBIÓTICOS

A fim de apreciar os mecanismos de resistência, é importante compreender como os agentes antimicrobianos actuam.

Uma forma exacta de classificar os antibacterianos é com base no seu sítio de acção [fig. 2]. Embora a classificação não permita uma previsão precisa de quais os antibacterianos que estarão activos contra quais espécies bacterianas, mas ajuda na compreensão da base molecular da acção antibacteriana, e inversamente na elucidação de muitos dos processos sintéticos em células bacterianas. Os cinco principais locais alvo da acção antibacteriana são: síntese da parede celular, síntese de proteínas, síntese do ácido nucleico, vias metabólicas e função da membrana celular [10].

Assim, os agentes antimicrobianos actuam selectivamente sobre funções microbianas vitais com efeitos mínimos ou sem afectar as funções do hospedeiro, o que é conhecido como toxicidade selectiva dos antibióticos. Diferentes classes de antibióticos possuem modos de acção específicos através dos quais inibem o crescimento ou matam as bactérias [12].

Figura 2 Mecanismo de acção dos antibióticos.(Fonte: https://www.ncbi.nlm.nih.gov)

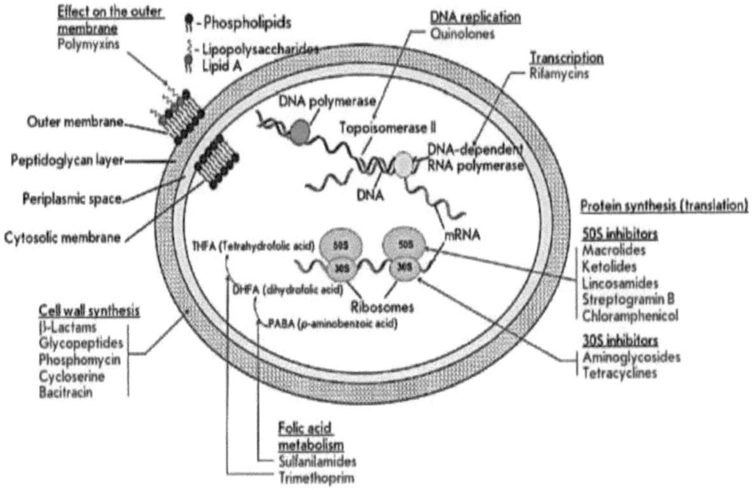

2.2 MECANISMOS DE RESISTÊNCIA AOS ANTIBIÓTICOS

A resistência antibiótica é a capacidade de uma bactéria ou outros microrganismos sobreviverem e se reproduzirem na presença de doses de antibióticos que anteriormente se pensava serem eficazes contra eles [1]. Normalmente, a maioria das células de uma população de bactérias ingénuas e susceptíveis que podem causar uma infecção são susceptíveis a um antibiótico específico após exposição. No entanto, existe sempre uma subpopulação minúscula de células bacterianas resistentes que serão capazes de se multiplicar a concentrações mais elevadas em concentração insuficiente de antibióticos que matam a subpopulação de modo a que os microrganismos sobrevivam no ambiente [13]. A resistência está frequentemente associada à reduzida aptidão bacteriana, e foi proposto que uma redução no uso de antibióticos irá colocar uma pressão selectiva para adquirir resistência, beneficiando as bactérias susceptíveis mais aptas, permitindo-lhes superar as estirpes resistentes ao longo do tempo [14].

A resistência antibiótica pode ocorrer através de mecanismos genéticos e mecanismos bioquímicos [Quadro1]. A resistência bacteriana aos antibióticos pode ser intrínseca ou inata, que é característica de uma determinada bactéria e depende da biologia de um microrganismo. (E.

coli tem uma resistência inata à vancomicina), e adquiriu resistência [15]. A resistência adquirida ocorre a partir de (i) aquisição de genes exógenos por plasmídeos (conjugação ou transformação), transposões (conjugação), integrões e bacteriófagos (transdução), (ii) mutação de genes celulares, e

(iii) uma combinação destes mecanismos [10] (fig. 3).

Os principais tipos de mecanismos bioquímicos que as bactérias utilizam para a defesa são os seguintes: diminuição da absorção, modificação e degradação enzimática, proteínas de ligação à penicilina (PBPs) alteradas, bombas de efluxo, locais alvo alterados e a sua sobreprodução [15] (fig. 4).

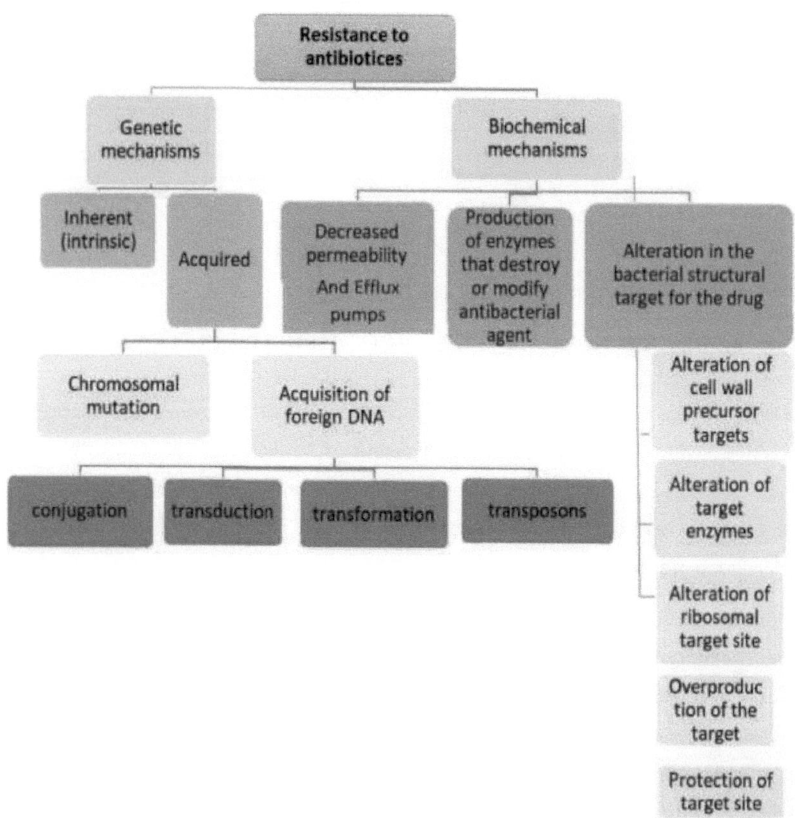

Quadro 1 Mecanismo de resistência aos antibióticos

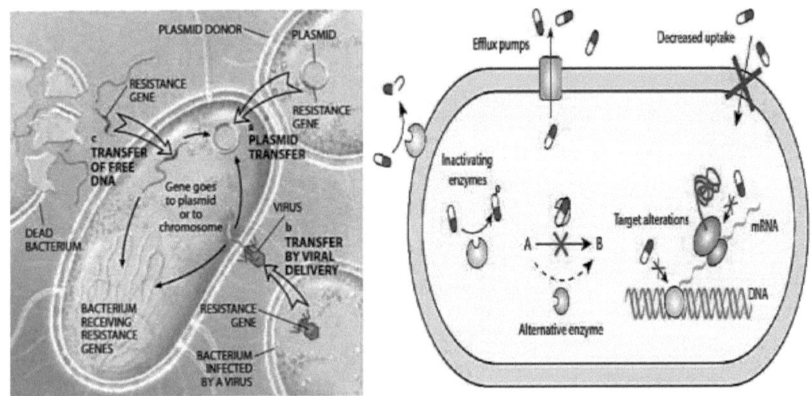

Figura 3 Mecanismos do gene de resistência **Figura 4** Mecanismo de resistência da transferência de bactérias numa bactéria (fonte : https://www.reactgroup.org/tool caixa / subentendimento / antibióticos -resistência)

2.3 RESISTÊNCIA A ANTIBIÓTICOS MEDIADA POR ENZIMAS

As enzimas bacterianas desempenham um papel fundamental na emergência da resistência. A classificação destas enzimas baseia-se na sua participação em vários mecanismos bioquímicos: modificação das enzimas que actuam como alvos antibióticos, modificação enzimática de alvos intracelulares, transformação enzimática de antibióticos, e a implementação de reacções de metabolismo celular [16].

Os principais mecanismos de desenvolvimento da resistência estão associados à evolução de super famílias de enzimas bacterianas devido à variabilidade dos genes que as codificam. A colecção de todos os genes de resistência aos antibióticos é conhecida como o resistoma. Dezenas de milhares de enzimas e os seus mutantes que implementam vários mecanismos de resistência formam uma nova comunidade que é chamada "o enzima" [18].

A questão relativa à origem das enzimas bacterianas responsáveis pelo desenvolvimento da resistência durante a evolução continua a ser controversa. Os genes que codificam estas enzimas estão localizados em cromossomas e elementos móveis (transposões, plasmídeos, etc.) que favorecem a rápida disseminação. As enzimas codificadas pelos genes cromossómicos protegem

microorganismos que produzem antibióticos contra a modificação dos seus potenciais alvos. A resistência ocorre quando os genes que codificam estas enzimas são transferidos para outras bactérias [9] [16].

O papel das enzimas bacterianas no desenvolvimento da resistência é bastante versátil e envolve vários mecanismos chave. Um grande grupo de enzimas hidrolisa a estrutura dos antibióticos e inactiva-os, como as beta-lactamases, as beta-lactamases de espectro alargado e as carbapenamases. Algumas enzimas modificam ou destroem a estrutura dos antibióticos e inactivam-nos, por exemplo, enzimas modificadoras dos aminoglicosídeos, cloranfenicol acetiltransferases, etc. Enzimas catalisadoras de processos metabólicos e modificadoras de antibióticos sob a forma de pró-fármacos também estão envolvidas no desenvolvimento da resistência [16] [17].

As enzimas envolvidas na biossíntese da parede celular, bem como a síntese de ácidos nucleicos e metabolitos, servem de alvo directo para os antibióticos. O mecanismo de resistência está associado a mudanças estruturais nestas enzimas. Outro mecanismo está associado à modificação enzimática dos elementos estruturais afectados pelos antibióticos: por exemplo, modificação dos ribossomas por transferência de metilo [16].

A análise da estrutura e das características funcionais das enzimas, que são os alvos das diferentes classes de antibióticos, permitir-nos-á desenvolver novas estratégias para ultrapassar a resistência. Esta análise apresenta informações sobre as características funcionais das enzimas bacterianas envolvidas na implementação dos mecanismos de resistência bacteriana aos antibióticos.

3. BETA-LACTAMASES

3.1 VISÃO GERAL DAS BETA-LACAMASES

A inactivação enzimática por beta-lactamase é a estratégia mais comum adoptada pelas bactérias contra os antibióticos beta-lactâmicos. As primeiras provas de inactivação enzimática da penicilina vieram em 1940, mesmo antes de o antibiótico ser utilizado na terapêutica. Abraham e chain conseguiram demonstrar uma enzima em E. *coli* que hidrolisou a penicilina e chamaram-lhe "penicilinase". Beta-lactamase é um nome mais amplo dado às enzimas bacterianas que hidrolisam vários antibióticos beta-lactâmicos. As beta-lactamases formam uma superfamília enzimática que actualmente consiste em mais de 2.000 membros. [3].

As beta-lactamases são enzimas que catalisam a hidrólise da ligação amida no anel de betalactama, que é um elemento estrutural comum de todos os antibióticos p-lactam (penicilinas, cefalosporinas, carbapenems, e monobactams) para produzir produtos microbiologicamente inactivos [19]. Alguns antibióticos beta-lactâmicos (ex. carbapenems) são hidrolisados por muito poucas enzimas (beta-lactamase estável), enquanto outros (ex. Ampicilina) são muito mais lábeis [10].

Foram identificadas mais de 500 beta-lactamases diferentes, e este número está a aumentar rapidamente todos os anos. Esta família enzimática em si pode ser chamada uma superfamília porque se junta a vários grandes grupos ou subfamílias diferentes em propriedades enzimáticas. As beta-lactamases mais frequentemente encontradas são a penicilinase, as beta-lactamases de largo espectro, as beta-lactamases de espectro alargado, a carbapenemase, a AmpC, etc.

Actualmente uma popular "filogenética" ou "classificação molecular para as beta-lactamases" foi proposta por Ambler em 1980, com base nas sequências de aminoácidos das beta-lactamases [Quadro 2]. Na sua classificação, dividiu as beta-lactamases em dois grupos. A classe A (beta-lactamases serinas), classe B (metallo-beta-lactamases) [20], a classe C consiste em betalactamases AmpC foi adicionada posteriormente por Jaurin e Grundstrom em 1981 [21]. Em 1988, Huovinen P *et al* expandiu esta classificação, incluindo a classe D, que engloba oxacillinases (tipo OXA) [22].

	Class	β - lactamases	Examples
Serine β - lactamases	A	Broad spectrum β - lactamases	TEM-1, TEM-2, SHV-1
		ESBL TEM – type	TEM-3
		ESBL SHV – type	SHV-5
		ESBL CTX-M – type	CTX-M1, CTX-M9
		Carbapenemases	KPC
	C	AmpC cephamycinases (chromosomal encode)	AmpC
		AmpC cephamycinases (plasmid encode)	CMY, DHA
	D	Broad spectrum β - lactamases	OXA-1, OXA-9
		ESBL OXA – type	OXA-2, OXA-10
		Carbapenemases	OXA-48, OXA-23
Metallo β - lactamases	B	Metallo β - lactamases	VIM, IMP

Quadro 2 Classificação da beta-lactamase de acordo com o esquema molecular Amber.

Tanto a cristalografia de raios X como a sequenciação de aminoácidos foram essenciais para elucidar a estrutura molecular das beta-lactamases. Em 1975, Ambler sequenciou todo o gene da betalactamase (*bla)* da penicilinase produzida pela estirpe de Staphylococcus aureus PCI e continua a ser a numeração típica de outras beta-lactamases [23].

Em 1989, Bush K *et al* lançou uma classificação para as beta-lactamases conhecidas como a classificação "funcional" [Tabela 3]. Nesta classificação, as beta-lactamases são divididas em 3 grupos com base no substrato e perfis inibitórios. Com base nas diferenças entre as enzimas destes grupos, foram ainda divididas em vários subgrupos. Entre os três grupos, o grupo 2 tem o maior número de subgrupos e a maioria das enzimas que são encontradas nos isolados clínicos de bacilos Gram negativos pertencem aos subgrupos do grupo 2. O subgrupo 2b compreende as enzimas, as beta-lactamases de largo espectro e o subgrupo 2be inclui enzimas de beta-lactamases de largo espectro.

A classificação de Ambler é conveniente para agrupar as enzimas com base na estrutura molecular, mas a classificação de Bush parece ser mais prática uma vez que os subgrupos se correlacionam bem com as suas propriedades funcionais.

As beta-lactamases variam em várias propriedades, mas a estrutura básica e a homologia de aminoácidos nas regiões conservadas sugerem que estão filogenéticamente relacionadas e têm uma origem evolutiva comum. As beta-lactamases serinas e as proteínas de ligação à penicilina (PBP) têm dobras terciárias semelhantes, topologia activa do local e mecanismo catalítico (fig. 5). Portanto, foi proposto que as beta-lactamases serinas poderiam ter evoluído a partir de algumas peptidases D-D ancestrais envolvidas na síntese e manutenção da parede celular peptidoglycan [24].

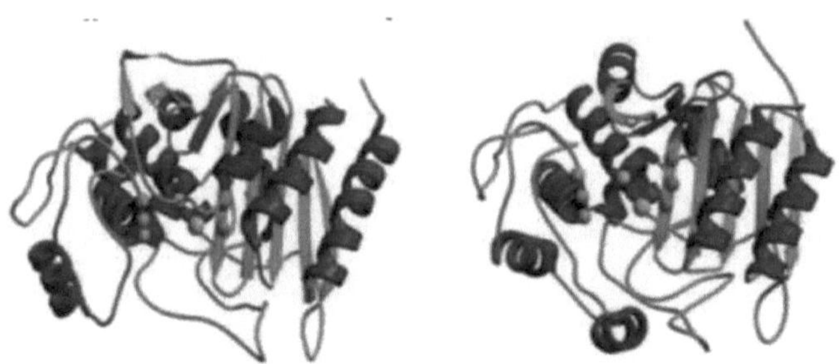

Figura 5 Semelhança estrutural entre Beta-lactamase e PBP

Group	Type	Examples
1	Cephalosporinases	AmpCs, CMY-2
2	All clavulanic acid susceptible	
2a	Penicillinases	PC-1 from *S.aureus*
2b	Broad-spectrum penicillinases	TEM-1, SHV-1
2be	ESBLs	SHV-2, TEM-10, CTX-Ms
2br	Inhibitor resistant	TEM, IRT
2c	Carbenicillin hydrolyzing	PSE-1
2d	Oxacillin hydrolyzing	OXA-10, OXA-1
2e	Cephalosporinase inhibited by clavulanate	FEC-1
2f	Carbapenemases	KPC-1, SME-1
3	Metallo-beta-lactamases	IMP-1, VIM-1
4	Miscellaneous	

Quadro 3 Classificação das beta-lactamases segundo o sistema Bush-Jacoby-Medeiros

Estrutura tridimensional de beta-lactamases que é revelada pela cristalografia de raios X composta por dois domínios: α / β domínios que é formada por cinco folhas β anti-paralelas rodeadas por três α-helix na outra e um domínio, formado inteiramente por α-helices. A actividade catalítica do sítio activo é formada entre estes dois domínios [25] (fig. 6).

A evolução da beta-lactamase desenvolve-se através de dois mecanismos principais: a emergência de novas mutações nos genes de enzimas conhecidas e a emergência de enzimas com uma nova estrutura. A elevada taxa de mutação das beta-lactamases e a localização dos seus genes em elementos genéticos móveis contribuem para a rápida propagação de bactérias resistentes, o que representa uma ameaça global. Mutações pontuais nas sequências nucleotídicas do gene *bla* que levam à substituição de um único aminoácido podem ter um efeito variável na propriedade da enzima beta-lactamase. Enquanto as mutações silenciosas não conferem qualquer alteração, outras mutações podem resultar na transformação da enzima com maior capacidade hidrolítica ou mesmo adquirir resistência aos inibidores da beta-lactamase [26].

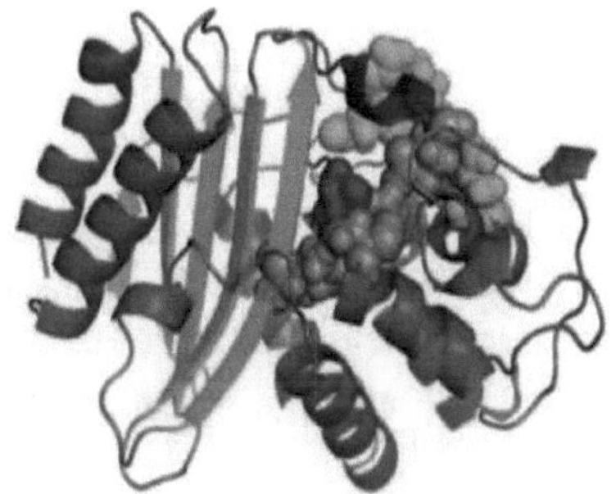

Figura 6 Estrutura tridimensional da betalactamase serina

3.2 ORGANISMOS RESISTEM AOS BETA-LACTÂMICOS

Nos anos 40 foram descobertos "inactivadores de penicilina" e foram inicialmente descritos como enzimas específicas da espécie. *Staphylococcus aureus* [27], *Bacillus anthracis*, *Bacillus cereus*, *Bacillus licheniformis* e *Bacillus subtilis* produziram conjuntos diferentes mas relacionados de beta-lactamases que destruíram todas a actividade microbiológica da penicilina. Porque a penicilina com o seu espectro microbiológico gram-positivo era o único beta-lactam em uso clínico na altura e, o relatório original de um inactivador de penicilina do *Bacillus coli* gram-negativo (por exemplo, Escherichia coli) [3] foi considerado clinicamente sem importância.

[9]. Em 1976 foram observadas pela primeira vez *gonorreias de Neisseria* produtoras de penicilinase [10].

Após as penicilinases de estafilococos e bacilos terem sido bem reconhecidas como as beta-lactamases prototípicas nos anos 50, a introdução de cefalosporinas e penicilinas estáveis à penicilina na clínica nos finais dos anos 50 e 60 proporcionou a pressão selectiva para o aparecimento de agentes patogénicos gram negativos, organismos que produziram uma variedade de beta-lactamases cefalosporinas-hidrolíticas [28]. As cefalosporinases do grupo 1 (classe C) foram observadas como enzimas endógenas na maioria das *Enterobacteriaceae* sp. e podiam aparecer como enzimas induzíveis ou como beta-lactamases constitutivas com elevadas concentrações periplásmicas. No início dos anos 70, foram identificadas b-lactamases codificadas com plasmídeos em organismos que podiam transferir os determinantes da resistência às beta-lactamases para agentes patogénicos de outras espécies de *Enterobacteriaceae* [29].

Uma beta-lactamase AmpC combinada com a perda de uma membrana externa da proteína porina foi documentada e bem caracterizada durante vários anos em *Enterobacter* spp. [30], *Citrobacter* spp. [31], e *Klebsiella. pneumoniae* [32], a propagação de beta-lactamases AmpC codificadas com plasmídeos numa variedade de *Enterobacteriaceae* spp. resultou na ocorrência deste mecanismo em espécies adicionais. Também alguns estudos encontraram novos genes AmpC que parecem ser progenitores de algumas das enzimas codificadas com plasmídeos que invadiram E. *coli* e K. *pneumoniae.*

O Japão relatou a primeira carbapenemase de um isolado de *hidrofila Aeromonas* na década de 1980. Sequencialmente, seguido em Londres (1982) imipenemase de *Serratia marcescens*, Imipenemases na Califórnia (1984) e em França (1990), ambos de *Enterobacter cloacae* [33]. A análise sequencial também revelou que a CAV-1 betalactamase cromossomicamente codificada de Aeromonas caviae tinha >96% de homologia à FOX-1 beta-lactamase e enzimas relacionadas [34].

As enzimas p-lactamase mais frequentemente encontradas são as carbapenemases adquiridas na classe A de Ambler, das quais *Klebsiella pneumoniae* carbapenemases (KPC) predominam em todo o mundo. Existe um receio sobre a propagação da resistência à carbapenem desde que a KPC foi identificada em 1996 nos Estados Unidos. As características clínicas dos organismos portadores de KPC variam com as diferenças e condições locais [33].

Os beta-lactâmicos são capazes de entrar na célula através de poros na membrana externa dos Gramnegativos e ligam-se às proteínas de ligação à Penicilina (PBP) que desempenham um papel fundamental nas fases finais da síntese dos peptidoglicanos, catalisando a ligação cruzada das subunidades da parede e incorporadas na parede celular. As beta-lactamases das células Gram-negativas permanecem dentro do periplasma, portanto Dentro do espaço periplasmático dos Gram-negativos as beta-lactamases podem inactivar as beta-lactamases antes de atingirem o seu alvo PBP, protegendo assim a célula da acção antibiótica [10] [fig7].

As beta-lactamases das bactérias Gram-positivas são libertadas no ambiente extracelular, pelo que nas bactérias Gram-positivas as beta-lactamases podem ser extracelularmente destruídas e a resistência só se manifestará quando uma grande população de células estiver presente [10] [fig7].

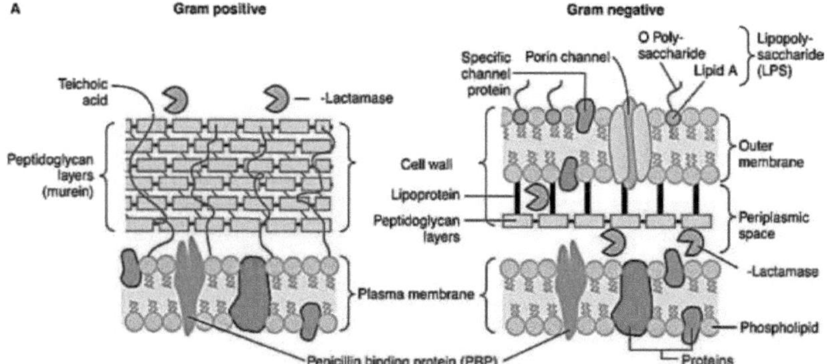

Figura 7 Beta-lactamases em células bacterianas Gram positivas e Gram negativas

3.3 MECANISMO DE ACÇÃO DA BETA-LACTAMASE

As beta-lactamases são classificadas como beta-lactamase serina quando têm um radical serino ou como metallo-beta-lactamases quando têm zinco iónico no local activo da enzima. Algumas beta-lactamases utilizam iões de zinco para perturbar o anel de beta-lactamase, mas um número muito maior opera através do mecanismo do éster de serina. As proteínas de ligação à penicilina (PBPs) também reagem com beta-lactaminas para dar ésteres serínicos, mas, ao contrário dos ésteres semelhantes formados pelas betalactamases, estes não se hidrolisam prontamente. Normalmente, a inactivação dos antibióticos beta-lactâmicos envolve etapas de aciloação e deacylação. Na etapa de acilação, o anel beta-lactam é aberto formando um complexo enzimático-acílico, que é depois desacylizado a partir da serina após a hidrólise. Enquanto a etapa de acilação requer serina nucleofílica, a deacylação requer molécula de água hidrolítica [36] [fig. 8].

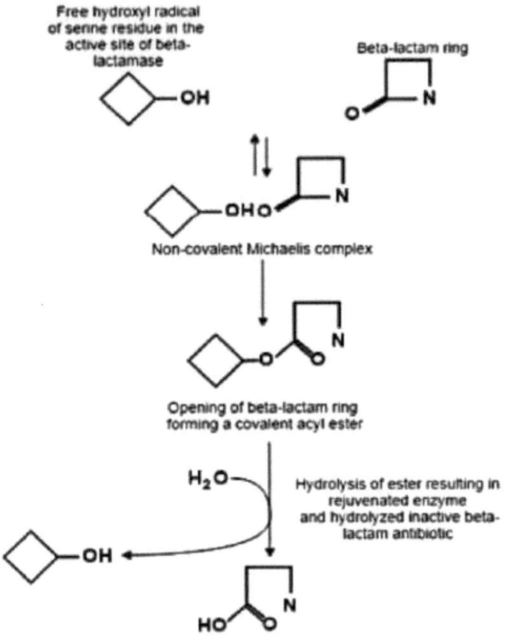

Figura 8 Mecanismo de hidrólise da molécula beta-lactamica por beta-lactamase

Após a ligação do substrato da beta-lactamase no local activo da beta-lactamase, forma-se um complexo não covalente (Hendri-Michaelis). Este passo é reversível. O radical sereno no local activo monta um ataque nucleófilo sobre o carbonilo, levando a uma aciloação tetraédrica intermédia de alta energia. A protonação do azoto beta-lactam e a clivagem da ligação C-N resulta na abertura do anel beta-lactam e o intermediário transita depois para um complexo de acilo-enzima covalente de baixa energia [35].

Uma molécula de água activada ataca então o complexo covalente que conduz a uma deacylação tetraédrica intermédia de alta energia. A hidrólise da ligação entre o carbonilo beta-lactam e o oxigénio da serina é então hidrolisada, que regenera a enzima e liberta a molécula inactiva do beta-lactam. Enquanto a molécula de beta-lactama é destruída, a enzima é reenergizada e torna-se totalmente funcional [35].

Este mecanismo é seguido por beta-lactamases de classes moleculares A, C, e D, mas as enzimas de classe B utilizam um ião de zinco para atacar o anel de beta-lactam [35].

3.4 DETECÇÃO LABORATORIAL DE PENICILINASES

Foram desenvolvidos numerosos testes de detecção de beta-lactamase, mas um pouco menos são convenientes para uso rotineiro. Os testes de rotina da beta-lactamase são baseados na detecção visual dos produtos finais da hidrólise da beta-lactamase. Estes testes incluem principalmente o método cromogénico da cefalosporina, o método acidimétrico e o método iodométrico.

3.4.1 MÉTODO DE CEFALOSPORINA CROMOGÉNICA

Os métodos cromogénicos são mais rápidos e convenientes, e dividem-se naqueles em que a hidrólise do próprio beta-lactam produz uma mudança de cor e naqueles em que esta mudança depende de uma reacção ligada. Nitrocefina que muda de amarelo para rosa/vermelho na hidrólise. No método cromogénico a nitrocefina é geralmente amarela quando o anel p-lactam é hidrolisado, torna-se vermelha. Quando uma colónia de uma estirpe produtora de p-Lactamase é tocada, uma cor vermelha desenvolve-se em segundos. Pode ser utilizada como solução ou como discos sobre os quais as culturas de teste são manchadas. A nitrocefina é altamente sensível à maioria das betalactamases, embora os resultados falso-negativos sejam um risco para *Haemophilus influenzae* isolados com ROB-1beta-lactamase e para *Staphylococci* spp. em que os níveis de penicilinase não induzidos são frequentemente inadequados para dar uma reacção de cor. Estes problemas são menores, uma vez que a enzima ROB-1 é rara e os testes de beta-lactamase raramente são realizados em *Staphylococci* spp. [35].

A determinação da produção de p-Lactamase de *Staphylococcus aureus* pode ser inferida pelo exame das zonas em torno de um disco contendo benzilpenicil-penicilina. O crescimento mesmo fora da zona de inibição é caracteristicamente "amontoado" e compreende colónias de tamanho completo [35].

3.4.2 MÉTODO ACIDIMÉTRICO - DETECTA A RESISTÊNCIA À PENICILINA

Os testes acidimétricos dependem do facto de que a abertura do anel beta-lactam gera um carboxil livre e que esta acidez pode tornar o bromocresol roxo de violeta para amarelo num sistema sem tampão. No teste acidimétrico o papel de filtro impregnado com penicilina e um indicador de pH. O crescimento bacteriano de uma cultura de ágar durante a noite é aplicado sobre o papel de filtro. Se a estirpe estiver a produzir p-lactamase, irá hidrolisar a penicilina produzindo ácido penicilíaco que irá baixar o pH alterando a cor do indicador [35].

Este método é útil para testes sobre *Haemophilus influenzae* e *Neisseria gonorrhoeae* . [37]

3.4.3 MÉTODO IODOMÉTRICO

Este teste é particularmente sensível para a penicilinase estafilocócica, mas são menos sensíveis que a nitrocefina para a maioria das beta-lactamases das bactérias gram-negativas [37].

O método iodométrico depende do facto de que os produtos de hidrólise dos beta-lactâmicos reduzem o iodo a iodeto. Consequentemente, a descoloração do complexo de amido e iodo ocorre se um isolado for um produtor de beta-lactamase, mas não se a enzima estiver ausente. No método iodométrico, inicialmente é feita uma suspensão pesada a partir de uma cultura nocturna numa solução contendo penicilina num meio tamponado. Um controlo negativo é feito sem o organismo. Um organismo conhecido por produzir uma p-Lactamase é testado em paralelo como um controlo positivo. Após incubação durante uma hora a 37°C, são adicionadas duas gotas da solução de amido solúvel a 1% recentemente preparada para testar e os controlos. Uma gota de reagente de iodo é então adicionada. Se a cor azul se perder em 10 minutos, a presença de uma p-Lactamase é concluída [35].

Os testes acidimétricos e iodométricos podem ser realizados com suspensões bacterianas ou em tiras de papel impregnadas com os reagentes apropriados. Estes métodos são mais baratos do que a nitrocefina e, dado o cuidado, quase tão sensíveis, mas são mais propensos a resultados falso-positivos. Com testes iodométricos, tais erros reflectem provavelmente uma reacção não específica do iodo com proteínas bacterianas; para testes acidimétricos, surgem resultados falso-positivos se o inóculo ou a água destilada utilizada para humedecer a tira de teste for ligeiramente ácida [37].

3.5 DETECÇÃO DE LACTAMASE DE BETA INDUCÍVEL (AmpC)

As espécies induzidas por AmpC podem ser reconhecidas em testes de antagonismo de disco cefoxitina/cefotaxime. Quando o indutor p-Lactam está em uso, estas enzimas são produzidas em níveis elevados (Inducible p-Lactamases). Quando o indutor p-Lactam é retirado, estas enzimas são produzidas nos seus níveis basais. Um teste de rastreio simples para detectar p-lactamases induzíveis é testar a sensibilidade à cefoxitina em espécies prováveis. A maioria delas são resistentes à cefoxitina. Mas isto não irá detectar p-lactamases sensíveis à cefoxitina da classe C. Um sistema de indução pode ser detectado pela exposição de uma estirpe de teste a dois agentes p-lactâmicos: um potente indutor como a cefoxitina e o outro, conhecido por ser um indutor fraco como a cefotaxima. O forte indutor antagoniza o fraco indutor [37].

Um relvado da estirpe de teste é exposto a estes p-lactams dispostos em pares. Distância entre discos = 2 x raio da zona da zona de inibição produzida pela cefotaxima testada por si mesma. Após uma incubação nocturna, o achatamento do raio da zona de inibição da cefotaxima no lado da cefoxitina indica a presença de uma p-lactamase induzível [fig. 9]. Também o Imipenem pode ser utilizado como indutor. Ceftazidima, cefoxitina, ceftriaxona, e piperacilina-tazobactam como antibióticos de substrato [37].

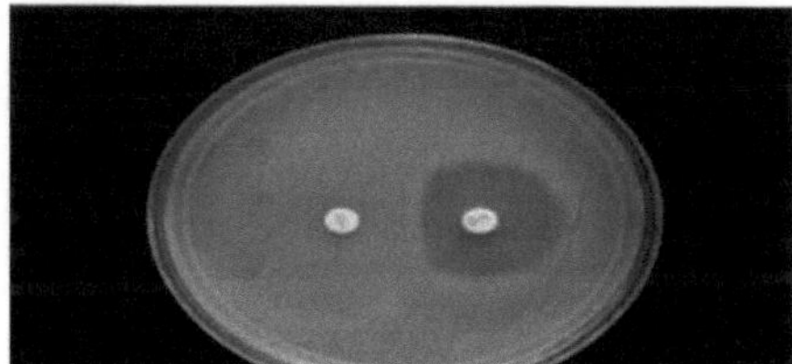

Figura 9 Detecção de uma enzima AmpC induzível em E. *cloacae*

4. BETA-LACTAMASES DE ESPECTRO ALARGADO (BLEA)

As p-lactamases de espectro alargado (ESBL) são um grupo de enzimas que hoje em dia representam um grande desafio terapêutico no tratamento de pacientes hospitalizados e de base comunitária. As infecções devidas aos produtores de ESBL vão desde infecções do tracto urinário sem complicações até à sepsis com risco de vida [42].

4.1 DEFINIÇÃO E PROPRIEDADES

ESBLs são enzimas cujas taxas de hidrólise dos antibióticos beta-lactâmicos de espectro alargado como a ceftazidima, cefotaxima (3rd geração cefalosporinas) que conferem resistência a quase todas as cefalosporinas [fig. 10] e aztreonam são >10% do que as da benzilpenicilina. Estes são susceptíveis à inibição por inibidores de beta-lactam como o ácido clavulanico. Mas a ESBL não tem actividade hidrolítica contra as cefamicinas e carbapenems [41][42].

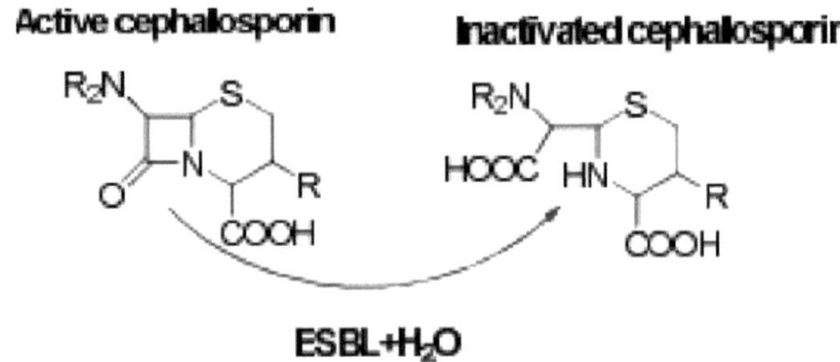

Figura 10 Inactivação da cefalosporina via hidrólise do anel de p-lactam por um ESBL

As ESBLs são serinas de serina âmbar de classe A ou b-lactamases de classe D que são capazes de hidrolisar compostos de oxiimino-beta-lactama a uma taxa igual ou superior a 10% da de benzilpenicilina. No esquema de classificação funcional da beta-lactamase de Bush, Jacoby e Medeiros, as ESBL estão localizadas em dois subgrupos do grupo 2, nomeadamente os subgrupos 2be (beta-lactamases de espectro alargado; enzimas de Ambler classe A) e 2d (beta-lactamases cloxacilina-hidrolisantes; ESBLs de Ambler classe D)[42].

As ESBL são geralmente descritas como beta-lactamases adquiridas que são codificadas principalmente por genes localizados em plasmídeos. Estes genes ESBL são transferíveis entre bactérias por transferência horizontal através do plasmídeo, que é material genético cromossómico extra de dupla cadeia que se replicam independentemente [36][42].

As ESBL são produzidas principalmente pela família *Enterobacteriaceae* de micróbios Gram-negativos, em particular *Klebsiella pneumonia* e *Escherichia coli*. Foram também encontradas entre algumas bactérias não *Enterobacteriaceae tais como Psudomonas* spp., *Stenotrophomonas* spp., *Acinetobacter* spp., *Vibrio* spp., e *Haemopilus* spp. [42].

4.2 EPIDERMIOLOGIA E TIPOS DE ESBL

Dependendo da prevalência geral, as ESBLs são amplamente classificadas em três grupos: tipos TEM (Temorina *Escherichia coli* mutante), SHV (variante Sulfhydryl), e CTX-M (Cefotaximase-munich) [36].

Quando as ESBLs foram reconhecidas pela primeira vez no ano de 1980, descobriu-se que eram mutações pontuais das enzimas TEM e SHV, o que resultou em resistência à classe beta-lactam dos antibióticos. As mutações nos genes resultaram numa alta actividade catalítica para os betalactâmicos devido aos baixos valores Km (ou seja, alta afinidade) para os compostos. Os tipos TEM e SHV foram reconhecidos mundialmente com mais de 100 mutações a serem relatadas são responsáveis pela resistência às cefalosporinas de espectro alargado [36].

A prevalência de bactérias que produzem ESBL diverge globalmente em todo o mundo, incluindo Estados Unidos da América (Norte e Sul), Europa, África (África do Sul, Norte e Leste de África) e países asiáticos [36].

4.2.1 ESBLs tipo TEM

A primeira beta-lactamase mediada por plasmídeos em bactérias gram-negativas TEM 1 foi relatada no início da década de 1965 a partir de Atenas, Grécia. O plasmídeo transferível chamado RTEM1 detectado numa estirpe de E. *coli* TEM cultivada a partir do sangue de um paciente chamado Temoniera.

Sendo o plasmídeo e a transposição mediados, as enzimas TEM-1 espalharam-se pelo mundo inteiro e encontram-se agora em muitas espécies diferentes da família *Enterobacteriaceae, Pseudomonas aeruginosa, Hemophilus influenza e Neissiria gonorrhea.*

Depois, em 1979, foi detectada uma variante do TEM-1, que se diferencia em apenas uma substituição de aminoácidos. Mas as suas propriedades hidrolíticas eram semelhantes às da enzima TEM-1 e esta betalactamase é designada como TEM-2 [36][42].

Em 1985, *Klebsiella pneumoniae* com resistência transferível a cefalosporinas superiores foi reportada e mostra actividade hidrolítica contra a cefotaxima e a sequenciação de aminoácidos revelou que difere da TEM-2 beta-lactamase por duas substituições de aminoácidos, o que dá a capacidade de hidrolisar cefalosporinas de espectro alargado e foi nomeada como TEM-3, que é a primeira ESBL do tipo TEM. As mutações aleatórias na sequência nucleotídica do gene *bla* são responsáveis pela alteração do espectro hidrolítico destas enzimas. A nível mundial, os ESBLS do tipo TEM mais frequentemente reportados são TEM-3, TEM-5, TEM-10, TEM-12, TEM-26 e TEM-52 [36][42].

4.2.2 ESBLs tipo SHV

Em 1979, Matthew M nomeou uma beta lactamase mediada por plasmídeos que se encontrava na klebsiella spp. como SHV-1 porque acreditava que o local activo da enzima consiste no grupo sulfidrílico, apesar do facto de o local activo conter o grupo hidroxila [36].

Depois a SHV-2 foi descoberta por Kliebe *et al*, que foi a primeira ESBL a ser descoberta. *A* sequência de aminoácidos revelou que o SHV-2 difere do SHV-1 por uma única substituição de aminoácidos. Globalmente, SHV-2, SHV-2A, SHV-5 e SHV-12 são os ESBL comuns do tipo SHV [36].

4.2.3 ESBLs tipo CTX-M

Em 1990, um novo tipo de ESBL mediado por plasmídeos não-TEM e não-SHV foi descoberto em estirpes de E. *coli* em Munique, Alemanha. Devido à sua actividade cefotaximase predominante e à localização do seu isolamento, a enzima foi denominada CTX-M [36].

Actualmente, os CTX-M ESBLs estão divididos em cinco grupos, CTX-M-1, CTX-M-2, CTX-M- 8, CTX-M-9 e CTX-M-25. Os membros de cada grupo partilham >94% de homologia de aminoácidos e os membros de todo o grupo têm <90% de homologia. O gene *bla* CTX-M codifica 291 aminoácidos para esta enzima e uma alteração num único aminoácido no gene constitui um novo tipo de CTX-M [36][42].

Apenas alguns tipos TEM e SHV são ESBL, mas todas as enzimas CTX-M expressam o fenótipo ESBL. Até 1990, os tipos TEM e SHV eram os ESBL predominantes, mas agora, o CTX-M ESBL parece tê-los deslocado e tornou-se o ESBL principal [36].

4.2.4 ESBLs MENOR

As ESBLs menores são raramente encontradas de tipos que não estão relacionadas com nenhum dos três tipos principais de ESBL. Actualmente estes incluem os tipos OXA, PER, VEB, SFO, BES, BEL, TLA e GES [36] [42].

O tipo OXA é a ESBL menor mediada por plasmídeos mais comum. Estas são oxacilinases, têm um largo espectro de actividade contra oximino-cefalosporinas ou carbapenems. Inicialmente detectadas em *Pseudomonas aeruginosa* e agora estão a ser detectadas entre os membros de *Enterobacteriaceae* [36].

As outras duas ESBLs menores frequentemente relatadas incluem os tipos VEB e PER, que se encontram normalmente entre as *Pseudomonas* spp. do que entre os membros de *Enterobacteriaceae* [36].

4.3 DETECÇÃO LABORATÓRIA DE ESBLs

O aumento da prevalência de ESBLs entre *as Enterobacteriaceae* cria uma grande necessidade de métodos de teste laboratoriais que identifiquem com precisão a sua presença destas enzimas em isolados clínicos. O método CLSI (Clinical Laboratory Standard Institution) é o teste de susceptibilidade a antibióticos mais utilizado. A detecção dos produtores de ESBL no método CLSI é feita inicialmente através do teste de rastreio e depois pelo teste de confirmação [40].

Para efeitos de rastreio CLSI recomenda a difusão em disco ou o método de microdiluição do caldo [40].

4.3.1 RASTREIO PARA DIFUSÃO EM DISCO ESBL-ESBL

CLSI recomenda o uso de cefpodoxima, cefotaxima, ceftriaxona, ceftazidima ou aztreonam para o rastreio pelo método de difusão em disco [40].

Para o rastreio da ESBL preparar uma suspensão equivalente a 0,5 McFarland do organismo teste e inocular em ágar Muller Hinton para obter um crescimento confluente. Este teste utiliza uma terceira geração de cefalosporina e co-amoxiclav. Colocar um disco de cefotaxima, ceftriaxona ou ceftazidima e ácido amoxicilina-clavulânico ou disco de ácido ticarcilina-clavulânico com os seus centros separados 20 mm no relvado de teste. Após incubação nocturna, se a produção de ESBL estiver presente, uma zona inibitória clara reforçada em torno do disco de cefalosporina é estendida

no lado mais próximo do disco de co-amoxiclav que dá uma aparência de buraco de chave [Fig. 10].
As zonas abaixo [Tabela 4] podem indicar a produção de ESBL [40].

Organism	Antibiotic	Strength	Zone Of Diameter
K.Pneumoniae	Cefpodoxime	10 µg	≤ 17mm
K. oxytoka	Ceftazidime	30 µg	≤ 22mm
E.coli	Aztreonam	30 µg	≤ 27mm
	Cefotaxime	30 µg	≤ 27mm
	ceftriaxone	30 µg	≤ 25mm
P. mirabilis	Cefpodoxime	10 µg	≤ 22mm
	Ceftazidime	30 µg	≤ 22mm
	Cefotaxime	30 µg	≤ 27mm

O quadro 4 Zona de diâmetro indica a produção de ESBL em espécies relevantes

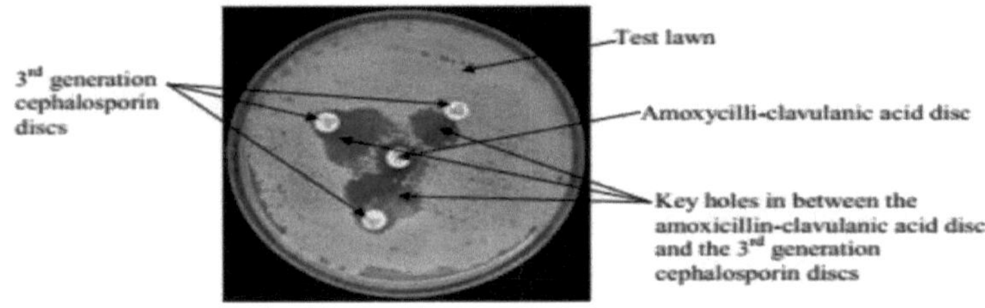

Figura 11 Aspecto do furo-chave devido à produção de ESBL

Os testes de rastreio positivos devem ser confirmados com teste de confirmação

4.3.2 TESTE CONFIRMATÓRIO PARA ESBL

CLSI recomenda a realização de confirmação fenotípica de potenciais isolados produtores de ESBL de *K. pneumoniae*, *K. oxytoca*, ou *E. coli*, testando tanto cefotaxima 30 pg como ceftazidima 30 pg, sozinhos e em combinação com ácido clavulânico (disco combinado) [Fig. 12]. Os testes podem ser realizados pelo método da microdiluição do caldo ou por difusão em disco.

Para testes de difusão em disco, > 5 mm de aumento no diâmetro de uma zona para qualquer agente antimicrobiano testado em combinação com ácido clavulânico versus a sua zona quando testado sozinho confirma um organismo produtor de ESBL [40].

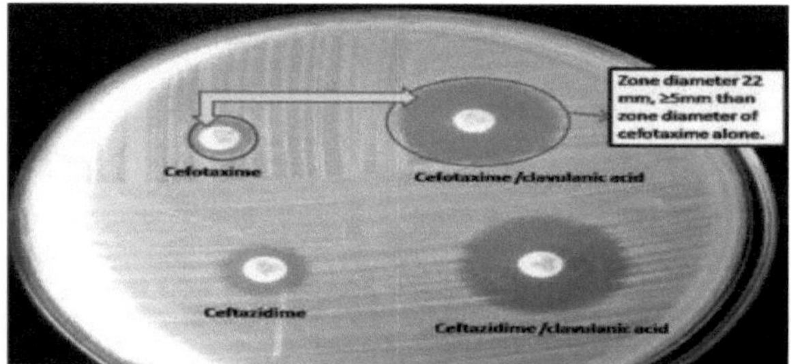

Figura 12 Teste de confirmação para ESBL pelo método de disco combinado

O mesmo está disponível como uma faixa E- onde uma extremidade contém o gradiente de cefalosporina de terceira geração e a outra extremidade contém cefalosporina de terceira geração combinada com inibidor de beta lactamase. Se a proporção de MIC de cefalosporina de 3ª geração para MIC de inibidor de cefalosporina-beta-lactamase combinada for > 8, isso confirma a produção de ESBL [40].

Figura 13 Método E-strip para confirmar a produção de ESBL

5. CARBAPENAMASES

5.1 DEFINIÇÃO E PROPRIEDADES

As carbapenemases são beta-lactamases com capacidades hidrolíticas versáteis. Estas carbapenemases conferem o maior espectro de resistência a antibióticos porque podem hidrolisar não só carbapenems mas também penicilinas de largo espectro, cefalosporinas e monobactaminas e a maioria são resistentes contra a inibição por todos os inibidores de betalactamase comercialmente viáveis [44].

5.2 TIPOS E EPIDEMIOLOGIA DAS CARBAPENAMASES

A classificação das beta-lactamases pode ser definida de acordo com duas propriedades, funcionais e moleculares [44].

A classificação funcional de Bush *et al.* propõe a classificação das betalactamases conhecidas em quatro grandes grupos funcionais (Grupos 1-4) e o Grupo 2 é diferenciado em múltiplos subgrupos. O Grupo 1 (Classe C) cefalosporinases, Grupo 2 (Classes A e D) de largo espectro, resistente aos inibidores, e ESBLs e serina carbapenemases e Grupo 3 metallo-beta-lactamases (MBLs). Neste esquema de classificação funcional, as carbapenemases são encontradas principalmente nos Grupos 2f e 3 [44].

Com base em estudos moleculares, as enzimas carbapenem-hidrolíticas podem ser classificadas em dois grupos. As enzimas serinas possuem uma serine moiety no local activo. As Metallo-beta-lactamases (MBL) requerem cátions divalentes, geralmente zinco, como cofactores metálicos para a actividade enzimática. As serinas carbapenemases pertencem à classe A ou classe D e as metallo-beta-lactamases pertencem à classe B [44].

5.2.1 -SERINA CARBAPENEMASES DE CLASSE A

As carbapenemases serinas de classe A são os membros do Grupo funcional 2f. Podem hidrolisar uma grande variedade de beta-lactâmicos, incluindo carbapenems, cefalosporinas, penicilinas, e aztreonam. No entanto, todos eles são inibidos pelo clavulanato e tazobactam [45].

Algumas desta classe de enzimas foram identificadas: não metalloenzyme carbapenemase-A (NMC-A), enzima Serratia marcescens (SME-1 a SME-3), hidrolisante de imipenem beta-lactamase (IMI-1 a IMI-3), K. *pneumoniae* carbapenemases 1-3 (KPC), e Guiana de espectro alargado (GES-1 a GES-

20). Nestas enzimas algumas são cromossomicamente codificadas e outras são plasmídicas [39] [45].

Os genes das PME, IMI, e NMC-A beta-lactamases são cromossomicamente localizados. São raros devido à ausência de associação com o elemento móvel. SME-1 foi detectada pela primeira vez em Inglaterra a partir de dois isolados de S. *marcescens* que foram recolhidos em 1982. As NMC-A e IMI foram isoladas de isolados clínicos raros de *Enterobacter cloacae* nos Estados Unidos, França, e Argentina. A NMC-A e IMI-1 têm 97% de identidade de aminoácidos e assemelham-se à SME-1, com aproximadamente 70% de identidade de aminoácidos. Estas betalactamases cromossómicas são induzidas em resposta ao imipenem e à cefoxitina [44] [45].

As famílias KPC e GES de carbapenemases são codificadas com plasmídeos. Destes, os KPC são os mais prevalecentes e, após alguns anos da sua descoberta, espalharam-se por todo o mundo. O projecto de vigilância epidemiológica da resistência antimicrobiana em cuidados intensivos descobriu o primeiro membro da família KPC num isolado clínico de *Klebsiella* da Carolina do Norte em 1996. Embora este isolado fosse resistente a todos os beta-lactâmicos testados, mas a concentração inibitória mínima (MICs) de carbapenem diminuiu na presença de ácido clavulânico. Após a descoberta do KPC-1, uma variante de umamino-ácido, o KPC-2 foi reportado nos Estados Unidos, 2003 como resultado de uma mutação pontual no KPC-1 [39] [45].

A família KPC pode espalhar-se facilmente devido à sua localização em plasmídeos. É o organismo mais frequentemente presente em K. *pneumoniae*, um organismo conhecido pela sua capacidade de acumular e transferir determinantes de resistência. Uma revisão dos genes KPC por Perez e van Duin declarou que existem actualmente 12 variantes adicionais de *blaKPC a* nível mundial e devido a opções terapêuticas limitadas, os clones resistentes ao KPC estão a disseminar-se internacionalmente em várias áreas [39].

5.2.2 CARBAPENEMASES DE CLASSE B

O espectro do substrato desta classe de beta-lactamases é bastante amplo. Para além dos carbapenems, a maioria destas enzimas pode hidrolisar cefalosporinas e penicilinas. No entanto, carecem da capacidade de hidrolisar aztreonam. São resistentes aos inibidores da beta-lactamase comercialmente disponíveis, mas são susceptíveis à inibição pelo ácido etilenodiaminotetracético (EDTA), um quelante de Zn^{2+} e outros catiões divalentes. Este mecanismo de hidrólise baseia-se na interacção dos beta-lactâmicos com os iões de zinco no sítio activo da enzima [44].

As Metallo-beta-lactamases (MBL) codificadas cromossomicamente encontram-se principalmente em isolados ambientais de *Aeromonas*, *Chryseobacterium*, e *Stenotrophomonas* spp. e são geralmente de baixo potencial patogénico. A maioria das MBL clinicamente importantes pertencem a cinco famílias diferentes; Imipenem [IMP], Verona metallo-beta-lactamase codificada [VIM], São Paulo metallo-p-lactamase [SPM], imipenemase alemã [GIM], e Seoul imipenemase [SIM]. Estas enzimas são tipicamente transmitidas por elementos genéticos móveis inseridos em integrons e disseminados através de *Pseudomonas aeruginosa*, *Acinetobacter* spp., outros gram-negativos não-fermentadores, e patogénios bacterianos entéricos [44][45].

Recentemente, o metallo-p-lactamase-1 (NDM-1) de Nova Deli tem recebido a maior atenção. Em meados de 2010, o gene NDM-1 pode ter sido adquirido por bactérias da comunidade e introduzido noutros países, incluindo a Europa, os Estados Unidos até mesmo na Índia. Cerca de 8 variantes foram identificadas neste grupo. Os genes NDM são dominantes em *Klebsiella pneumoniae* e *Escherichia coli* isolados, mas também foram encontrados em associação com organismos *Acinetobacter baumannii* e *Pseudomonas aeruginosa* [39][44].

5.2.3 SERINE CARBAPENEMASES DE CLASSE D

Estas beta-lactamases podem hidrolisar cloxacilina ou oxacilina a uma taxa de >50% do que para a benzilpenicilina e, portanto, são conhecidas como enzimas OXA. Mas estas enzimas têm uma fraca actividade contra os carbapenems. Assim, a actividade mais fraca da carbapenemase é aumentada através do acoplamento da produção de p-lactamase com um mecanismo de resistência adicional, tal como a diminuição da permeabilidade da membrana ou o aumento do efluxo activo [44].

As enzimas relacionadas com OXA compreendem agora a segunda maior família de beta-lactamases. Estas enzimas são serina-beta-lactamases pouco inibidas por EDTA ou ácido clavulânico. As enzimas encontram-se principalmente em organismos não fermentadores, tais como *Acinetobacter baumannii*, *Pseudomonas aeruginosa* e raramente em isolados da família das *Enterobacteriaceae* na maioria dos países [44].

A p-lactamase OXA com actividade carbapenemase foi descrita pela primeira vez por Paton *et al.* em *Acinetobacter baumannii* isolado em 1985 da Escócia. A maior preocupação com as carbapenemases de OXA é a sua capacidade de mutação e expansão rápida do seu espectro de actividade. As carbapenemases de classe D distribuíram-se em quatro subfamílias de betalactamases do tipo OXA (OXA-23, OXA-24, OXA-58, e OXA-146). Actualmente, o OXA-48 é mais comum em *Klebsiella pneumoniae* na Turquia, Médio Oriente, Norte de África e Europa. Foi encontrado OXA-24 tipo não-nocomial em espécies ambientais de *Acinetobacter*. A propagação do tipo OXA-23 é mais encontrada nos EUA e na Europa. O grupo OXA-58 também se encontra significativamente em todo o globo [38] [45].

As enzimas OXA são difíceis de purificar devido ao baixo rendimento e difíceis de caracterizar bioquimicamente devido a baixas taxas de hidrólise e cinética bifásica para alguns substratos.OXA-48 produtores do tipo carbapenemase estão entre os mais difíceis de identificar devido aos seus análogos mutantes pontuais com ESBLs. Assim, as suas verdadeiras taxas de prevalência são difíceis de estimar. Ao longo dos anos, foram identificadas 102 sequências únicas de OXA, das quais 9 são p-lactamases de espectro alargado e pelo menos 37 são consideradas como carbapenemases [45].

5.3 DETECÇÃO LABORATORIAL DE CARBAPENAMASES

A presença de uma carbapenemase pode ser detectada por uma série de métodos em laboratórios clínicos. Estes incluem o teste Hodge modificado, Teste NP de Carba, meios cromogénicos para a detecção de carbapenamases, etc.

5.3.1 TESTE HODGE MODIFICADO PARA DETECTAR A PRODUÇÃO DE CARBAPENAMASE

O Teste de Hodge modificado (MHT) é um teste fenotípico simples para a detecção da presença da enzima carbapenemase em bactérias. O teste MHT positivo é observado em Klebsiella pneumoniae carbapenemase (KPC), Metallo Beta lactamase (MBL) e o SME-1 em *Serratia marcescens. O* teste de Hodge modificado (MHT) foi sugerido como testes de rastreio para carbapenemases [39].

O teste é feito através da inoculação do isolado do teste juntamente com uma estirpe indicadora de carbapenem-susceptível e da avaliação da distorção da zona de inibição da estirpe indicadora devido à produção de carbapenemase pelo isolado do estudo. Aqui a inactivação de um carbapenem por estirpes produtoras de carbapenemase (isolado de teste) que permitem a uma estirpe indicadora de carbapenem-susceptível (E. coli ATCC® 25922) estender o crescimento em direcção a um disco contendo carbapenem- ao longo da faixa de inóculo da estirpe de teste [38].

Para realizar o empréstimo do Teste de Dobradiça modificado, a placa com estirpe E. *coli* ATCC 25922 - estirpe indicadora. Adicionar um disco antibiótico carbapenem (meropenem ou ertapenem) no meio da placa. Estirar o organismo de teste do disco de antibiótico para a periferia da placa. Fazer Streak dos controlos positivos e negativos juntamente com o teste. O resultado positivo do teste dá uma indentação do tipo folha de trevo [38].

O teste Hodge modificado tem sido utilizado extensivamente e é uma técnica fenotípica para a detecção da actividade carbapenemase rotineiramente utilizada em laboratórios de patologia clínica.

Este teste foi recomendado pelo CLSI em 2009, no entanto, não é específico para a detecção de todas as enzimas da carbapenemase [44].

Bonnin *et al.* realizaram testes Hodge modificados em 19 isolados de *Acinetobacter baumannii* produtores de carbapenemase e encontraram resultados negativos para todos os isolados produtores de NDM testados e apenas resultados fracos positivos para produtores do tipo VIM, IMP e OXA [44]. Há relatórios relacionados com testes de susceptibilidade em que os testes mostraram uma susceptibilidade reduzida mas dão resultados consistentemente negativos para a presença de carbapenemases. Estas podem ser devidas a uma maior troca genética entre estirpes bacterianas NDM-1, especialmente e utilizando meio de ágar Mueller-Hinton não-suplementado com zinco [45].

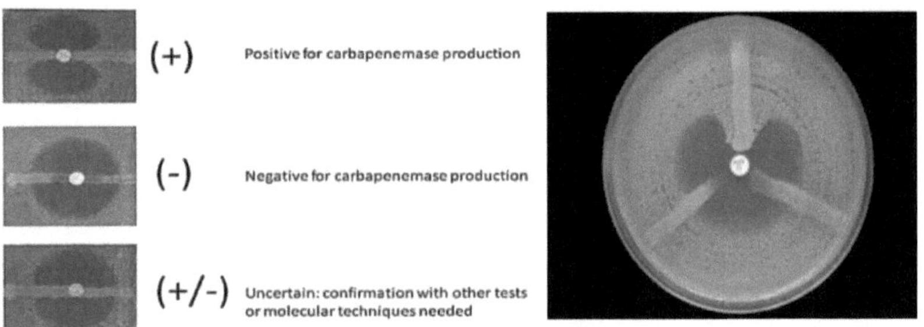

Figura 14 Observações do teste de Hodge modificado **Figura 15** Resultado de uma estirpe produtora de carbapenamase

5.3.2 Teste NP de Carba

O teste Carba Nordmann-Poirel, recentemente desenvolvido, é utilizado para detectar produtores de carbapenemase em *Enterobacteriaceae* [45].

A técnica não requer perícia, é reprodutível, barata e pode ser facilmente adaptada como um teste adicional importante em qualquer laboratório clínico. O teste pode ajudar as instalações de saúde a controlar e implementar medidas rápidas de contenção para limitar a propagação de produtores de carbapenemase nos hospitais. Nordmann *et al.* descreveram o teste como o mais eficiente em comparação com os métodos de base molecular [44].

No teste NP de carba, rotular dois tubos de microcentrifugação (um "a" e um "b") para cada paciente isolado, organismo de QC, e controlo de reagentes não inoculados. Adicionar 100pL de reagente de extracção de proteínas bacterianas a cada tubo. Para cada isolado a ser testado, emulsionar um laço de 1-pL de bactérias de uma placa de ágar sangue nocturno em ambos os tubos "a" e "b" e depois vortexar cada tubo durante 5 segundos. (Os tubos de controlo de reagentes não inoculados devem conter apenas reagente de extracção de proteínas bacterianas, sem organismo). Adicionar 100 pL de Solução NP de Carba A ao tubo "a". Adicionar 100 pL de Solução NP de Carba B (solução A + imipenem) à bisnaga "b.". Tubos de vórtice de poço "Vortex", tubos de poço "Vortex". Finalmente, incubar a 35°C ± 2°C durante até 2 horas. Isolados que demonstrem resultados positivos antes de 2 horas podem ser reportados como produtores de carbapenemase [40][Tabela 5].

Tube "a": Solution A (serves as internal control)	Tube "b": Solution B	Interpretation
Red or red-orange	Red or red-orange	Negative, no carbapenemase detected
Red or red-orange	Light orange, dark yellow, or yellow	Positive, carbapenemase producer
Red or red-orange	Orange	Invalid
Orange, light orange, dark yellow, or yellow	Any color	Invalid

Tabela 5 Interpretação do teste NP da carba

O teste NP de Carba é realizado em poços e a mudança de cor de vermelho para laranja ou amarelo indica que as estirpes testadas estão a produzir carbapenemases. O teste Carba NP identifica rápida e fiavelmente os produtores de carbapenemase através de alterações nos valores de pH utilizando o vermelho fenol como indicador. A cor desenvolve-se em 2 horas detectando estirpes que são imipenem resistentes devido a mecanismos não mediados por carbapenemas, tais como mecanismos combinados de resistência ou de estirpes que são susceptíveis de carbapenem mas expressam uma p-lactamase de largo espectro sem actividade de carbapenemase [44].

	MHT	**Carba NP**
Organisms	*Enterobacteriaceae* that are not susceptible to one or more carbapenems	*Enterobacteriaceae, P. aeruginosa,* and *Acinetobacter* spp. that are not susceptible to one or more carbapenems
Strengths	Simple to perform No special reagents or media necessary	Rapid
Limitations	False-positive results can occur in isolates that produce ESBL or AmpC enzymes coupled with porin loss. False-negative results are occasionally noted (eg, some isolates producing NDM carbapenemase). Only applies to *Enterobacteriaceae.*	Special reagents are needed, some of which necessitate in-house preparation (and have a short shelf life). Invalid results occur with some isolates. Certain carbapenemase types (eg, OXA-type, chromosomally encoded) are not consistently detected.

Tabela 6 Comparação entre o teste de dobradiça modificada e o teste de carba NP

5.3.3 MEIOS CROMOGÉNICOS PARA RASTREIO DE CARBAPENAMASES

A utilização de preparação de ágar cromogénico surgiu para a identificação de organismos multidrugresistentes (MDR) a partir de culturas de vigilância como CHROMagar KPC e CHROMagar™ *Acinetobacter*.

Os meios de cultura tornam-se selectivos através da adição de substratos cromogénicos e agentes que inibem o crescimento de outros isolados Gram-positivos e Gram-negativos. Os meios de cultura CHROMagar™ foram originalmente formulados para o rastreio de doentes na UCI e posteriormente redesenhados de modo a que as espécies *Acinetobacter* apareçam como colónias vermelho salmão brilhante. Uma nova formulação, com a adição de *Klebsiella pneumoniae* carbapenemase suplemento foi capaz de escolher o *Acinetobacter baumannii* resistente ao carbapenem. Modificações recentes à CHROMagar *Acinetobacter* melhoraram o crescimento selectivo para organismos resistentes a carbapenems [38].

De acordo com os estudos de Arnold *et al.* CHROMagar KPC tem uma sensibilidade de 100% e uma especificidade de 98,4% em relação à reacção em cadeia da polimerase (PCR). Esta técnica é utilizada para a identificação confirmatória da produção de KPC, embora seja dispendiosa em termos de custos e é sobretudo realizada em laboratórios de investigação. O ágar cromogénico é fácil de ler porque os substratos cromogénicos e os peptonos permitem uma coloração específica para uma identificação clara. E também o ágar cromogénico diminui o número de testes de confirmação, poupando assim tempo e custo e reduzindo também a carga de trabalho [38].

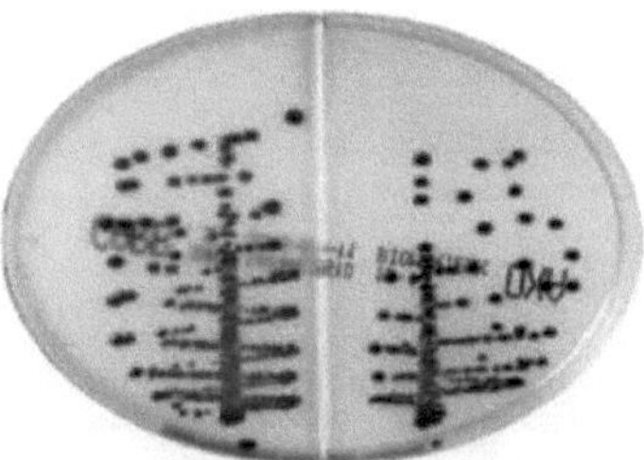

Figura 16 Detecção de espécies produtoras de carbapenamase via ágar cromogénico

6. OUTRAS ENZIMAS MEDIADAS PELA RESISTÊNCIA AOS ANTIBIÓTICOS

6.1 ENZIMAS RESISTENTES AOS AMINOGLICOSÍDEOS E A SUA ACÇÃO

Os mecanismos de resistência bacteriana aos aminoglicosídeos são diversos. O mecanismo mais difundido de resistência aos aminoglicosídeos (AG) é a inactivação destes antibióticos pela família de enzimas nomeadas.

Cada enzima modificadora de AG modifica um AG numa posição específica, portanto, estas enzimas modificadoras de AG (EMA) dizem ser uma modificação regioselectiva. Este é um mecanismo de resistência específico. Esta grande família de enzimas contém três subclasses, divididas com base no tipo de modificação química que elas aplicam aos seus substratos de AG: AG N- acetiltransferases (AACs), AG O-nucleotidyltransferases (ANTs), e AG O- phosphotransferases (APHs) [45].

As enzimas que modificam os aminoglicosídeos são as N-acetiltransferases (AAC), que utilizam a acetilcoenzima A como doadora e afectam as funções dos aminoácidos, e as O-nucleotidyltransferases (ANT) e O-fosfotransferases (APH), que utilizam ambas ATP como doadora e afectam as funções dos hidroxilos. As funções afectadas em aminoglicosídeos típicos (derivados de canamicina e gentamicina) estão nas posições 3, 2', e 6' para AAC, posições 4' e 2" para ANT; e posições 3' e 2" para APH [46] [fig.17].

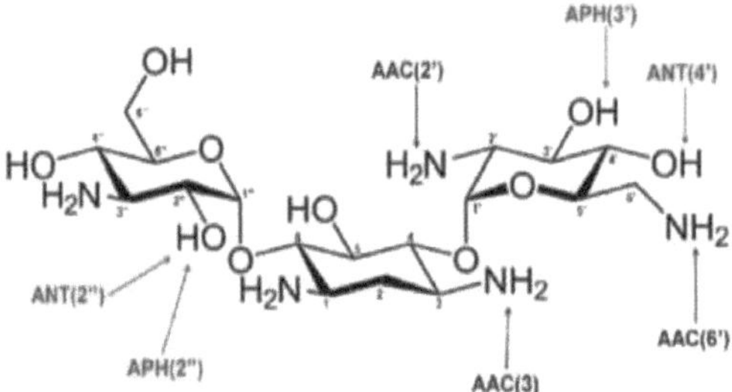

Figura 17 Enzimas que modificam as posições de um aminoglicosídeo típico

As enzimas modificadoras de aminoglicosídeos são muitas vezes codificadas com plasmídeos, mas também estão associadas a elementos transponíveis. A troca plasmídica e a disseminação de transposons facilitam a rápida aquisição de um fenótipo de resistência a drogas não só dentro de uma dada espécie mas entre uma grande variedade de espécies bacterianas [47].

A modificação enzimática de aminoglicosídeos através de kinases surgiu em praticamente todas as bactérias clinicamente relevantes tanto de Gram-positivos como de Gram-negativos. A distribuição e propagação destas enzimas varia em função do ambiente e das espécies bacterianas. Por exemplo, a 3p-O-fosfotransferase [APH] é muito comumente encontrada em *Pseudomonas* spp., *Klebsiella* spp., E. *coli,* e *Staphylococcus aureus.* A canamicina é inactivada por fosforilação, mas a gentamicina, a tobramicina, e amikacina são resistentes a este modo de resistência [9].

Um importante representante destas enzimas, APH (3")-Ia, foi encontrado em vários gramas negativos e pelo menos um grama positivo. As enzimas APH (3")-I estão distribuídas entre uma vasta gama de bactérias, incluindo a *Streptomyces griseus* N2-3- 11 produtora de estreptomicina e os gram negativos O gene aph(3p)-Ia foi originalmente identificado como parte da transposição Tn903 na *Escherichia coli.* O gene aph(3p)-Ia também foi encontrado como parte de outros elementos móveis tais como Tn4352 em *Salmonella enterica* serovar Typhimurium, Tn2680 em *Proteus vulgaris* e Tn5715 em *Corynebacterium striatum* e o elemento transponível do plasmídeo R391 de *Providencia rettgeri.* As enzimas APH(2q)-I estão presentes principalmente em gramas positivos e em pelo menos uma estirpe de E. coli APH(2q)-Ia actividade encontrada em vários *Streptococcus* e *Enterococcus* spp. [48].

Os ANTs catalisam a transferência de um grupo AMP do substrato ATP para um grupo hidroxil na molécula aminoglicosídica. ANT (2")- Encontrado em plasmídeos, transposons, e integrons de negativos de gramas. ANT (4")-I enzimas, está presente em gramas negativos e também se encontra em organismos gram positivos, um deles é *Staphylococcus aureus* [48].

Os AACs catalisam a acetilação dos grupos -NH2 na molécula antibiótica utilizando a acetilcoenzima A como substrato doador. AAC(2p)-Ic, AAC(3)-Ia, e AAC(6p)-Ii, foram recentemente resolvidos e são todos de natureza dimérica. AAC(2p)-Ic, e AAC(3) enzimas foram detectadas apenas em gramas negativos. As enzimas AAC(2p)-I encontram-se nos cromossomas das espécies *Providencia* spp.[AAC(2p)-Ia] e *Mycobacterium* [AAC(2")-Ib]. As enzimas AAC(2p)-I foram encontradas em todas as estirpes de todas as espécies de micobactérias. AAC(3)- encontradas em P. *aeruginosa* integrin e a partir de uma S. *enterica.* Enzimas AAC(6p) foram encontradas em plasmídeos ou cromossomas de gramas positivos e gramas negativos, muitas vezes dentro de transposons ou integrons [39].

6.2 ACETIL TRANSFERASES EM RESISTÊNCIA AO CLORANFENICOL

As acetiltransferases de cloranfenicol [CATs] inactivam o cloranfenicol através da acetilação, que é o mecanismo de resistência ao cloranfenicol mais prevalecente nas bactérias [fig. 18]. A enzima é citoplasmática e tetramérica em todas as espécies bacterianas examinadas até à data, consistindo em quatro subunidades catalíticas idênticas, o peso molecular é de aproximadamente 25000. Os muitos exemplos de CAT caracterizados até à data constituem uma família de proteínas que catalisam a acetilação do cloranfenicol com eficiência variável. [50].

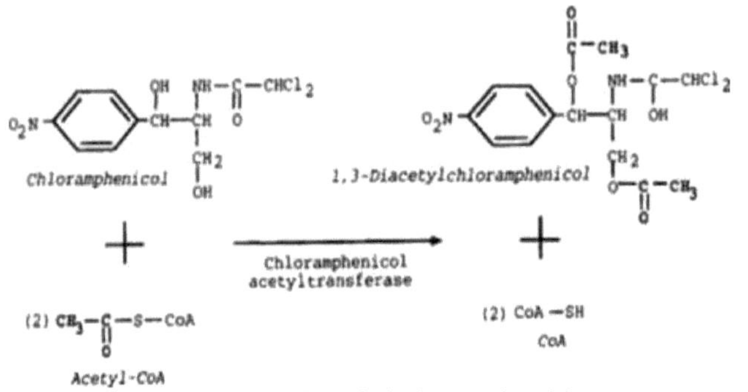

Chloramphenicol

1,3-Diacetylchloramphenicol

Chloramphenicol acetyltransferase

(2) CH3—C—S—CoA

Acetyl-CoA

(2) CoA—SH

CoA

Figura 18 Mecanismo de resistência ao cloranfenicol contra bactérias

As CATs têm sido descritas tanto em bactérias gram-positivas como gram-negativas. A síntese de CAT é constitutiva em E. *coli* e outras bactérias Gram-negativas que albergam plasmídeos portadores do gene estrutural da enzima, enquanto que bactérias Gram-positivas como *Staphylocococci* sp. e *Streptococci* sp. sintetizam CAT apenas na presença de cloranfenicol e compostos relacionados [50]. Existem dois tipos definidos de CAT que diferem nitidamente na sua estrutura: Os CAT clássicos, que são referidos como CAT tipo A, e os novos CAT, que também são conhecidos como CAT tipo B. Existem pelo menos 16 grupos distintos de genes *catA* (A1-A16) e pelo menos 5 grupos diferentes de genes de gatos do tipo B (B1-B5). Os CAT de tipo A e B são ambos capazes de acetilar o grupo hidroxila em C3 de cloranfenicol [51].

O gene do *gato* codifica cloranfenicol acetiltransferases (CATs) que inactivam as drogas choramphenicol, tianfenicol, e azidamfenicol por acetilação, que é o mecanismo mais comum que confere resistência ao cloranfenicol nas bactérias [51]. Além da inactivação da acetilação do cloranfenicol, foram identificados outros mecanismos de inactivação enzimática, tais como o O-fosforilado e a reacção de hidrólise [52].

O mecanismo bioquímico de resistência bacteriana ao cloranfenicol é geralmente o de inactivação por O-acetilação do antibiótico, uma reacção catalisada por cloranfenicol acetiltransferase (CAT) com acetil-CoA como doador de acilo. CAT é um trimer de subunidades idênticas e a estrutura trimérica é estabilizada por uma série de ligações de hidrogénio, algumas das quais resultam na extensão de uma folha beta através da interface da subunidade. O cloranfenicol liga-se num bolso profundo localizado na fronteira entre subunidades adjacentes do trimer, de tal forma que a maioria dos resíduos que formam o bolso de ligação pertencem a uma subunidade enquanto que a histidina catalítica essencial pertence à subunidade adjacente. O seu 195 está adequadamente posicionado para actuar como um catalisador de base geral na reacção, e a estabilização tautomérica necessária é proporcionada por uma interacção invulgar com um oxigénio carbonilo da cadeia principal [54]. Estudos anteriores demonstraram que as reacções seguintes descrevem o destino do cloranfenicol em bactérias que contêm CAT [fig. 19] [50].

Chloramphenicol + acetyl-CoA ⟶
3-acetoxy chloramphenicol + CoA   (1)

3-Acetoxy chloramphenicol ⇌
1-acetoxy chloramphenicol   (2)

1-Acetoxy chloramphenicol + acetyl-CoA ⟶
1,3-diacetoxy chloramphenicol + CoA   (3)

Figura 19 Reacções para o destino do cloranfenicol em bactérias

As reacções (1) e (3) são ambas catalisadas por CAT, enquanto que a reacção (2) é uma reorganização nãoenzímica e dependente do pH [50]. O cloranfenicol contém dois grupos hidroxil

que são acetilados numa reacção catalisada por enzimas CAT. Resulta em derivados monoacetilados e diacetilados. A formação enzimática de 1,3-diacetoxi cloranfenicol é lenta e não é necessária para a inactivação do antibiótico, uma vez que os derivados monoacetoxi do cloranfenicol são desprovidos de actividade e incapazes de se ligar à subunidade ribossómica 50S e inibir os ribossomas peptidyltransferase procariótica [53].

6.3 ERITROMICINA ESTERASE E MECANISMO RESISTENTE

A enzima capaz de degradar a eritromicina antibiótica e abolir a sua actividade antibacteriana através da hidrólise do anel de lactona é a eritromicina esterase, ou Ere [fig. 20]. No início dos anos 80,

Courvalin e o seu grupo encontraram um isolado clínico de *Escherichia coli* que era altamente resistente à eritromicina e que inactiva a eritromicina [55,56].

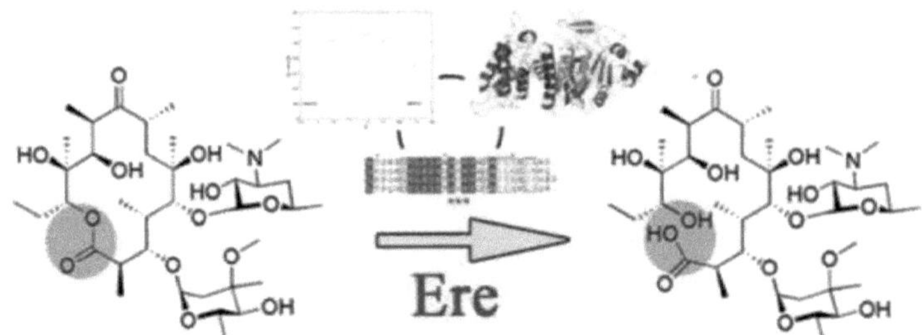

Figura 20 Hidrólise do anel de lactona por eritromicina esterase

Hidrólise enzimática do anel de macrolactona catalisada por esterases de eritromicina, EreA e EreB, portanto, as esterases de eritromicina EreA e EreB têm o maior significado clínico. O EreA tem um perfil de especificidade de substrato mais limitado. Não hidrolisa azitromicina e telitromicina. É uma enzima dependente do metal, cuja actividade é inibida por agentes quelatantes. Um gene semelhante em sequência ao gene E. *coli* ereA por >80% é designado ereA enquanto qualquer outro gene com actividade ere prevista pode ser anotado como um ereB. O EreB confere resistência a quase todos os macrolídeos de 14 e 15 membros, excepto à telitromicina. O ereB era de origem exógena à E. coli e provavelmente tinha sido adquirido de um organismo Gram positivo. Os genes que codificam estas esterases localizam-se nos plasmídeos e estão frequentemente ligados a outros genes de resistência aos antibióticos [55,537].

Recentemente, o sequenciamento de um isolado clínico multirresistente de *Klebsiella pneumoniae* da Índia revelou um gene ere partilhando 92% de uma sequência nucleotídica semelhante com ereA, e foi designado como ereC [58].

A capacidade das esterases purificadas para inactivar a eritromicina foi testada utilizando um ensaio de difusão em disco Kirby- Bauer. Para avaliar a inactivação de antibióticos, a enzima purificada foi incubada com macrólido de 25 p g/mL durante I hora a 24° C, a reacção parou com a adição de metanol a 50% (v/v), e a proteína precipitada foi removida por centrifugação. Uma placa de petri foi inoculada com um relvado do organismo susceptível ao macrólido *Micrococcus luteus*, e 10 pL de sobrenadante da reacção foram manchados num disco de papel esterilizado colocado sobre o ágar. Após dois dias de crescimento, não foi observada nenhuma zona de inibição em torno do disco com eritromicina enzimaticamente inactivada, em comparação com aquela manchada apenas com eritromicina [59].

3.4 ENZIMAS INACTIVADORAS DE TETRACICLINA

As enzimas capazes de inactivar a tetraciclina são paradoxalmente raras em comparação com as enzimas que inactivam outros antibióticos de produto natural. Uma família de flavoenzimas, capazes de degradar os antibióticos tetraciclina [60].

A inactivação enzimática da tetraciclina como mecanismo de resistência foi proposta por Speer e Salyers com a caracterização do gene tetx [62]. Em 1983, Guiney e colegas descobriram que a região de resistência à clindamicina de dois plasmídeos pBF4 e pCP1 de *Bacteroides* spp. conferia resistência à tetraciclina de baixo nível quando clonada numa E. *coli* em crescimento aeróbico. Tensão. O estudo revelou ainda que a inibição da função do produto genético em condições anaeróbias não se devia à inibição do sistema de transporte de electrões, mas sim à escassez de oxigénio, o que implicava uma necessidade de oxigénio. Estudos de acompanhamento realizados adicionando NADPH ou NADH aos extractos celulares e demonstraram que o produto do gene tetx requeria NADPH para a actividade [fig.21] [63].

Três genes já foram relatados para inactivar a tetraciclina, embora apenas uma enzima, Tet(X) tenha sido confirmada para actividade in vitro. A análise cinética de estado estável demonstrou que o TetX tem uma ampla especificidade de substrato com a capacidade de inactivar vários membros da família das tetraciclinas testadas. A identificação do produto inactivado de tetraciclina revelou que o processo de inactivação da tetraciclina é uma reacção de oxidação da tetraciclina catalítica. Tet(X) é uma flavoproteína mono oxigenase que inactiva os antibióticos de tetraciclina por monohidroxilação seguida de decomposição espontânea e não enzimática [61].

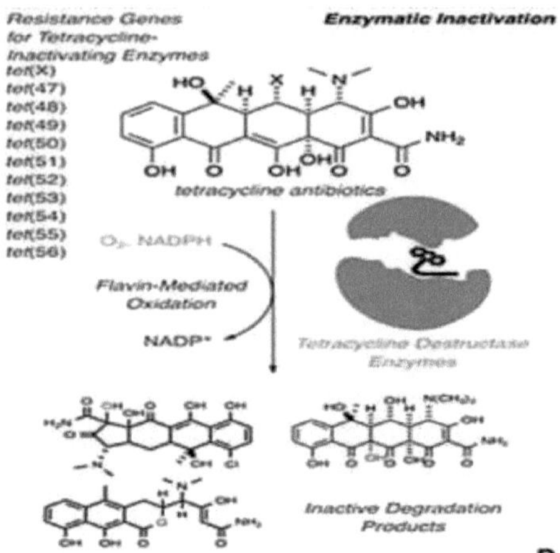

Figura 21 Activação enzimática da tetraciclina via tetraciclina destructase

Em 2004, Wright e colegas de trabalho expressaram heterologicamente TetX, TetX1, e TetX2 em E. coli e purificaram as proteínas recombinantes (Yang et al., 2004). TetX e TetX2 são 99% de sequência idêntica, e ambas as proteínas co-purificadas com um co-factor de flavina ligado e provaram ser tetraciclinas degradadas.

Em 2013, o gene tetX foi encontrado numa variedade de agentes patogénicos Gram-negativos tais como *Enterobacter cloacae, Comamonas testosteroni, E. coli, Klebsiella pneumonia, Delftia acidovorans,* e outros membros de *Enterobacteriaceae* e *Pseudomonadaceae* [64].

7. SIGNIFICADO PARA A SAÚDE PÚBLICA DA RESISTÊNCIA AOS ANTIBIÓTICOS

Assim que os antibióticos foram inventados, as bactérias começaram a desenvolver resistência a estes antibióticos. Hoje em dia os hospitais são invadidos por bactérias resistentes aos antibióticos, devido ao uso excessivo de antibióticos.

Nos hospitais do Sri Lanka, especialmente pacientes em Unidades de Cuidados Intensivos, são colonizados e desenvolvem infecções devido às espécies *Acinetobacter*, *Klebsiella* e outras *Enterobacteriaceae* que são resistentes a todos os antibióticos disponíveis.

Numa vigilância multicêntrica no Sri Lanka 2009, a ESBL (Extended Spectrum Beta Lactamase) que produz *Escherichia coli* e *Klebsiella pneumoniae* representou 23,15% do total de gramas negativos de isolados bacterianos em hemoculturas. A mesma vigilância foi realizada em 2013, em que 20% dos isolados de E. *coli* e 28% dos isolados de *Klebsiella* de hemoculturas eram produtores de ESBL. Assim, existe uma tendência ascendente nas taxas de resistência a diferentes antibióticos em *Enterobacteriaceae* isolados de culturas de urina em hospitais do Sri Lanka.

Também há um abrandamento do desenvolvimento de novos antibióticos pelos investigadores após os anos 60. Num futuro muito próximo poderemos não ter antibióticos para tratar eficazmente algumas das infecções graves e o mundo está a caminhar para uma era pós-antibióticos, na qual muitas infecções comuns também não podem ser curadas. Por conseguinte, devem ter sido necessárias acções urgentes de correcção e protecção [65].

7.1 QUESTÕES ACTUAIS NO CONTROLO DA RESISTÊNCIA AOS ANTIBIÓTICOS

Foram encontrados vários problemas durante os programas de controlo da resistência aos antibióticos. Tais casos são:

Os antibióticos são administrados sem receita médica, embora a legislação diga que os antibióticos são apenas medicamentos sujeitos a receita médica. Trabalhadores não qualificados prescrevem antibióticos, embora não haja dados formais disponíveis.

O Departamento de Produção e Saúde Animal proibiu o número de produtos farmacêuticos, incluindo antibióticos, de utilizar em animais, embora estes antibióticos sejam utilizados para a promoção do crescimento no país e não exista um sistema adequado de vigilância do mercado, notificação de reacções adversas e monitorização.

Além disso, falta de dados sobre resistência antimicrobiana em animais de companhia ou animais criados para consumo humano, consumo de antimicrobianos, distribuição de antimicrobianos sem receita médica, padrões de prescrição e utilização de antibióticos noutros sectores da saúde, padrões de prescrição e utilização de antibióticos em animais criados para consumo humano e agricultura, etc.

Além de instalações limitadas para verificar a qualidade dos antimicrobianos e também o elevado nível de antimicrobianos estão livremente na comunidade, também a falta de monitorização e aplicação da legislação. A falta de desinfectantes de mão de boa qualidade à base de álcool em todas as instalações de cuidados de saúde tem um grande impacto no controlo da resistência aos antibióticos. Mais importante ainda, a falta de sensibilização do público e dos profissionais de saúde considerados como o principal problema no controlo da resistência aos antibióticos.

7.2 PROGRAMAS DE CONTROLO

Alertados para esta crise de resistência aos antibióticos, a Assembleia Mundial da Saúde (Maio de 2015) adoptou um plano de acção global sobre resistência antimicrobiana, que traça cinco objectivos:

- Melhorar a consciência e a compreensão da resistência antimicrobiana através de uma comunicação, educação e formação eficazes.
- Reforçar a base de conhecimentos e provas através da vigilância e investigação.
- Reduzir a incidência de infecções através de medidas eficazes de saneamento, higiene e prevenção de infecções.
- Optimizar a utilização de medicamentos antimicrobianos na saúde humana e animal.
- Desenvolver os argumentos económicos para um investimento sustentável que tenha em conta as necessidades de todos os países e aumentar o investimento em novos medicamentos, ferramentas de diagnóstico, vacinas e outras intervenções.

Este plano de acção salienta a necessidade de uma abordagem eficaz que envolva a coordenação entre vários sectores internacionais, tais como a medicina humana e veterinária, a agricultura, bem como os consumidores, etc [1]. Em 2015, o Ministério da Saúde, SL, em colaboração com a OMS, nomeou o grupo nacional de coordenação multisectorial para combater a resistência antimicrobiana no Sri Lanka.

O Plano de Acção Nacional de Luta contra a Resistência Antimicrobiana baseado no Plano de Acção Global da OMS foi desenvolvido através deste grupo e está actualmente a ser implementado de forma faseada [65].

A vigilância adequada e o feedback sobre a utilização de antibióticos e o padrão de resistência local devem ser realizados regularmente e também as medidas de controlo de infecções devem ter sido tomadas instantaneamente para evitar a propagação de bactérias resistentes de um paciente para outro. Como sugestão futura, é crucial reduzir o nível de resistência antimicrobiana a um nível muito baixo.

8. REFERÊNCIAS

1. Organização Mundial de Saúde. (2019). Resistência antimicrobiana: relatório global sobre vigilância 2014. [em linha] Disponível em: https://www.who.int/drugresistance/documents/surveillancereport/en/ [Acesso em 9 de Maio de 2019].

2. Roca, I., Akova, M., Baquero, F., Carlet, J., Cavaleri, M., Coenenen, S., Cohen, J., Findlay, D., Gyssens, I., Heuer, O., Kahlmeter, G., Kruse, H., Laxminarayan, R., Liebana, E., Lopez-Cerero, L., MacGowan, A., Martins, M., Rodriguez-Bano, J., Rolain, J., Segovia, C., Sigauque, B., Tacconelli, E., Wellington, E. e Vila, J. (2015). Corrigenda a "A ameaça global da resistência antimicrobiana: ciência para a intervenção" [New Microbes New Infect 6 (2015): 22-29]. New Microbes and New Infections, 8, p.175.

3. Abraham, e. e cadeia, e. (1940). Uma enzima de bactérias capaz de destruir a penicilina. Natureza, 146(3713), pp.837-837.

4. Hellinger, w. (2000). Confrontando o problema do aumento da resistência aos antibióticos. Revista médica do Sul, 93(9), pp.842-848.

5. Davies, J. e Davies, D. (2010). Origens e Evolução da Resistência Antibiótica. Microbiology and Molecular Biology Reviews, 74(3), pp.417-433.

6. Sarmah, A., Meyer, M. e Boxall, A. (2006). Uma perspectiva global sobre a utilização, vendas, vias de exposição, ocorrência, destino e efeitos dos antibióticos veterinários (VAs) no ambiente. Chemosphere, 65(5), pp.725-759.

7. Hillier, S., Roberts, Z., Dunstan, F., Butler, C., Howard, A. e Palmer, S. (2007). Antibióticos anteriores e risco de infecção do tracto urinário adquirida pela comunidade resistente aos antibióticos: um estudo de controlo de casos. Journal of Antimicrobial Chemotherapy, 60(1), pp.92-99.

8. Cdc.gov. (2019). Sistema Nacional de Monitorização da Resistência Antimicrobiana para Bactérias Entéricas (NARMS) | NARMS | CDC. [online] Disponível em: https://www.cdc.gov/narms/index.html [Acedido a 9 de Maio de 2019].

9. Bonomo, R. e Tolmasky, M. (2007). Resistência mediada por enzimas aos antibióticos.

Washington, D.C.: ASM Press.

10. Mims, C. e ... [et al.] (2008). A microbiologia médica de MIM. 6ª ed. [s.l.]: Elsevier Mosby, pp.447-449.

11. Greenwood, D. (2012). Microbiologia médica. 18ª ed., D. (2012). Edimburgo: Churchill Livingstone, p.54.

12. Gale, e. (1960). A natureza da toxicidade selectiva dos antibióticos. Boletim médico britânico, 16(1), p.11.

13. Smith, D., Dushoff, J. e Morris, J. (2005). Agricultural Antibiotics and Human Health (Antibióticos agrícolas e saúde humana). PLoS Medicine, 2(8), p.232.

14. Levin, B., Lipsitch, M., Perrot, V., Schrag, S., Antia, R., Simonsen, L., Moore Walker, N. e Stewart, F. (1997). A Genética Populacional da Resistência Antibiótica. Doenças Infecciosas Clínicas, 24(Suplemento_1), pp.9-16.

15. Giedraitiene, A., Vitkauskiene, A., Naginiene, R. e Pavilonis, A. (2011). Antibiotic Resistance Mechanisms of Clinically Important Bacteria (Mecanismos de Resistência a Antibióticos de Bactérias Clinicamente Importantes). Medicina, 47(3), pp.137-146.

16. Egorov, A., Ulyashova, M. e Rubtsova, M. (2018). Enzimas Bacterianas e Resistência Antibiótica. Acta Naturae, 10(4), pp.33-48.

17. Wright, g. (2005). Resistência bacteriana aos antibióticos: degradação e modificação enzimática. Advanced drug delivery reviews, 57(10), pp.1451-1470.

18. Morar, M. e Wright, G. (2010). A Enzimologia Genómica da Resistência Antibiótica. Annual Review of Genetics, 44(1), pp.25-51.

19. Thomson, K. e Smith Moland, E. (2000). Versão 2000: as novas p-lactamases de bactérias Gram-negativas no alvorecer do novo milénio. Microbes and Infection, 2(10), pp.1225-1235.

20. Ambler, R. (1980). The Structure of Beta-Lactamases. Philosophical Transactions of the Royal Society B: Biological Sciences, 289(1036), pp.321-331.

21. Jaurin, B. e Grundstrom, T. (1981). ampC cefalosporinase de Escherichia coli K-12 tem uma

origem evolutiva diferente da das beta-lactamases do tipo penicilinase. Actas da Academia Nacional das Ciências, 78(8), pp.4897-4901.

22. Huovinen, P., Huovinen, S. e Jacoby, G. (1988). Sequência da betalactamase PSE-2. Antimicrobianos e Quimioterapia, 32(1), pp.134-136.

23. Ambler, R. (1975). A sequência de aminoácidos de Staphylococcus aureus penicilinase. Biochemical Journal, 151(2), pp.197-218.

24. Goffin C, Ghuysen JM. (1998) Multimodular penicillin-binding proteins: an enigmatic family of orthologs and paralogs. Microbiology and Molecular Biology Reviews, 62(4), pp1079-1093.

25. Drawz, S. e Bonomo, R. (2010). Três décadas de inibidores de beta-lactamase. Clinical Microbiology Reviews, 23(1), pp.160-201.

26. Rao, P. e Prasad, S. (2016). Detecção de beta-lactamases de espectro alargado. Indian Journal of Medical Microbiology, 34(2), p.251.

27. Kirby, w. (1944). Extracção de um inactivador de penicilina altamente potente de estafilococos resistentes à penicilina. Science, 99(2579), pp.452-453.

28. Medeiros, A. (1997). Evolução e Disseminação das p-Lactamases Aceleradas por Gerações de Antibióticos p-Lactam. Doenças Infecciosas Clínicas, 24(Suplemento_1), pp.19-45.

29. Datta, N., Hedges, R., Becker, D. e Davies, J. (1974). Plasmid-determined Fusidic Acid Resistance in the Enterobacteriaceae. Journal of General Microbiology, 83(1), pp.191-196.

30. Yigit, H., Anderson, G., Biddle, J., Steward, C., Rasheed, J., Valera, L., McGowan, J. e Tenover, F. (2002). Carbapenem Resistance in a Clinical Isolate of Enterobacter aerogenes is Associated with Decreased Expression of OmpF and OmpC Porin Analogs. Antimicrobianos e Quimioterapia, 46(12), pp.3817-3822.

31. Mainardi, J., Mugnier, P., Coutrot, A., Buu-Hoi, A., Collatz, E. e Gutmann, L. (1997). Carbapenem resistance in a clinical isolate of Citrobacter freundii. Antimicrobianos e Quimioterapia, 41(11), pp.2352-2354.

32. Bradford, P., Urban, C., Mariano, N., Projan, S., Rahal, J. e Bush, K. (1997). A resistência

Imipenem em Klebsiella pneumoniae está associada à combinação de ACT-1, uma beta-lactamase AmpC mediada por plasmídeos, e o fóssis de uma proteína de membrana externa. Agentes antimicrobianos e quimioterapia, 41(3), pp.563-569.

33. Codjoe, F. e Donkor, E. (2017). Resistência Carbapenem: Uma revisão. Medical Sciences, 6(1), p.1.

34. Fosse, T., Giraud-Morin, C., Madinier, I. e Labia, R. (2003). Sequence analysis and biochemical characterisation of chromosomal CAV-1 (Aeromonas caviae), a cefalosporinase parental do aglomerado AmpC 'FOX' mediado por plasmídeos. FEMS Microbiology Letters, 222(1), pp.93-98.

35. Livermore, D. (1995). Beta-Lactamases em laboratório e resistência clínica. Clinical Microbiology Reviews, 8(4), pp.557-584.

36. Rao P.N, S. (2015). Revisão abrangente do espectro alargado de beta-lactamáceas. [online]Microrao.com. http://microrao.com/micronotes/pg/ESBLs.pdf

37. Livermore, D. e Brown, D. (2001). Detecção de resistência mediada por p-lactamas. Journal of Antimicrobial Chemotherapy, 48(suppl_1), pp.59-64.

38. Mathur, P., Tak, V. e Asthana, S. (2014). Detecção da produção de carbapenemase em bactérias gram-negativas. Journal of Laboratory Physicians, 6(2), p.69.

39. Cury, A., Andreazzi, D., Maffucci, M., Caiaffa-Junior, H. e Rossi, F. (2012). O teste Hodge modificado é uma ferramenta útil para excluir a klebsiella pneumoniae carbapenemase. Clínicas, 67(12), pp.1427-1431

40. Weinstein, M. (2018). Normas de desempenho para testes de susceptibilidade antimicrobiana. 28ª ed., M. (2018). Clinical and Laboratory Standards Institute, 950 West Valley Road, Suite 2500, Wayne, Pennsylvania 19087 USA [https://clsi.org].

41. https://www.cdc.gov/hai/settings/lab/lab_esbl.html

42. Rawat, D. e Nair, D. (2010). Lactamases de espectro alargado B em bactérias gram negativas. Journal of Global Infectious Diseases, 2(3), p.263.

43. Codjoe, F. e Donkor, E. (2017). Resistência Carbapenem: Uma revisão. Medical Sciences,

6(1), p.1.

44. Queenan, A. e Bush, K. (2007). Carbapenemases: As Versáteis -Lactamases. Clinical Microbiology Reviews, 20(3), pp.440-458.

45. Ramirez, M. e Tolmasky, M. (2010). Enzimas modificadoras de aminoglicosídeos. Drug Resistance Updates, 13(6), pp.151-171.

46. K J Shaw, G. (2019). Genética molecular dos genes de resistência aos aminoglicosídeos e relações familiares das enzimas modificadoras dos aminoglicosídeos. [online] PubMed Central (PMC). Disponível em: https://www.ncbi.nlm.nih.gov/pmc/ artigos/PMC372903

47. Em vez disso, P., Munayyer, H., Mann, P., Hare, R., Miller, G. e Shaw, K. (1992). Análise genética das acetiltransferases bacterianas: identificação dos aminoácidos que determinam as especificidades do aminoglicosídeo 6'-N-acetiltransferase Ib e das proteínas IIa. Journal of Bacteriology, 174(10), pp.3196-3203.

48. Vakulenko, S. e Mobashery, S. (2003). Versatilidade de Aminoglycosides e Perspectivas para o seu Futuro. Clinical Microbiology Reviews, 16(3), pp.430-450.

49. Dyda, F., Klein, D. e Hickman, A. (2000). GCN5-Related N- Acetyltransferases: Uma visão geral estrutural. Annual Review of Biophysics and Biomolecular Structure, 29(1), pp.81-103.

50. Shaw, W. (1983). Cloranfenicol Acetyltransferase: Enzimologia e Biologia Molecular. Critical Reviews in Biochemistry, 14(1), pp.1-46.

51. Schwarz, S., Kehrenberg, C., Doublet, B. e Cloeckaert, A. (2004). Base molecular de resistência bacteriana ao cloranfenicol e ao florfenicol. FEMS Microbiology Reviews, 28(5), pp.519-542.

52. Mosher, R., Camp, D., Yang, K., Brown, M., Shaw, W. e Vining, L. (1995). Inactivação do Cloranfenicol byO-Fosforilação. Journal of Biological Chemistry, 270(45), pp.27000-27006.

53. Shaw WV, Unowsky J. Mechanism of R factor-mediated chloramphenicol resistance. Jornal de Bacteriologia. 1968 Maio, 95(5), pp.1976-1978.

54. Leslie, A. (1990). Estrutura cristalina refinada de cloranfenicol acetiltransferase de tipo III com resolução de 1-75 Â. Journal of Molecular Biology, 213(1), pp.167-186.

55. Arthur, M., Andremont, A. e Courvalin, P. (1986). Heterogeneidade dos genes que conferem resistência de alto nível à eritromicina por inactivação em enterobactérias. Annales de l'Institut Pasteur / Microbiologie, 137(1), pp.125-134.

56. BARTHÉLÉMY, P., AUTISSIER, D., GERBAUD, G. e COURVALIN, P. (1984). Hidrólise enzimática da eritromicina por uma estirpe de Escherichia coli. Um novo mecanismo de resistência. The Journal of Antibiotics, 37(12), pp.1692-1696.

57. Morar, M., Pengelly, K., Koteva, K. e Wright, G. (2012). Mecanismo e Diversidade da Família de Enzimas Erythromycin Esterase. Biochemistry, 51(8), pp.1740-1751.

58. Yong, D., Toleman, M., Giske, C., Cho, H., Sundman, K., Lee, K. e Walsh, T. (2009). Characterization of a New Metallo- -Lactamase Gene, blaNDM-1, and a Novel Erythromycin Esterase Gene Carried on a Uniqueque Gene Gene in Klebsiella pneumoniae Sequence Type 14 from India. Antimicrobianos e Quimioterapia, 53(12), pp.5046-5054.

59. D'Costa, V. (2006). Amostragem do Antibiotic Resistome. Science, 311(5759), pp.374-377

60. Forsberg, K., Patel, S., Wencewicz, T. e Dantas, G. (2015). The Tetracycline Destructases: A Novel Family of Tetracycline-Inactivating Enzymes. *Chemistry & Biology*, 22(7), pp.888-897.

61. Volkers, G., Palm, G., Weiss, M., Wright, G. e Hinrichs, W. (2011). Base estrutural para um novo mecanismo de resistência à tetraciclina que depende da monooxigenase de TetX. FEBS Letters, 585(7), pp.1061-1066.

62. Speer, B. e Salyers, A. (1989). Novo gene aeróbio de resistência à tetraciclina que modifica quimicamente a tetraciclina. Journal of Bacteriology, 171(1), pp.148-153.

63. Guiney, D., Hasegawa, P. e Davis, C. (1984). Expressão na Escherichia coli de genes de resistência à tetraciclina crípticos de plasmídeos Bacteroides R. Plasmid, 11(3), pp.248-252

64. Markley, J. e Wencewicz, T. (2018). Tetracycline-Inactivating Enzymes. Fronteiras em Microbiologia.

65. Boletim informativo SLMA. (2016). [online] Disponível em: https://slma.lk/newsletter/ 2016 [Acedido a 22 de Maio de 2019].

Printed by Books on Demand GmbH, Norderstedt / Germany